U0146581

科學文化　A06

The Same and Not the Same

| 原書名 迴盪化學兩極間 |

大師說化學

理解世界必修的化學課

Roald Hoffmann

霍夫曼——著　呂慧娟——譯　儲三陽——審訂

大師說化學
理解世界必修的化學課

目錄

The Same and
Not the Same

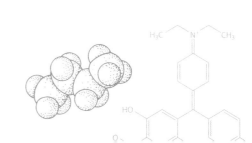

作者序
同中有異

霍夫曼

在這本書裡，我想說明化學是饒富趣味的，對從事化學研究的工作者、化學藥品商以及會深思所買化學產品的消費者而言，都是如此。這種趣味來自隱含的張力。實際上，每一件科學的事實或方法，以及人們看待它們的方式，常在兩極觀點間不穩定的擺盪；而且物質的兩極性和它的轉變，會與人類心靈的深沈動力產生共鳴。

利益與傷害

當你陪伴年邁羸弱、正在發燒的父親去看醫生時，你需要些什麼？關心是必然的，但還需要實驗室的血液化驗，或對可能引起肺炎的病菌進行培養試驗。如果有必要，還要使用藥物或抗生素，以去除你父親體內的致病細菌。

當鎮上決定在我家隔壁設置大型垃圾焚化爐，來收納附近都市的垃圾和工業廢棄物時，我大聲反對的理由是什麼？是因為這樣會造成交通壅塞、產生臭味，某些離子與分子還可能汙染我家使用的井水，也會汙染空氣。

你希望從醫生那兒得到的藥品，以及我憂慮會進入水與空氣的物質，都是化學物質。你我也都是化學物質構成的，只不過有簡單

與複雜的差別而已。當然，你需要的不僅是從醫生那裡獲得化學藥物的處方——你還需要關心和同情。而我要的，也不僅是從焚化爐主管單位那兒得到的安全保證，和對化學物質排放的持續監測——我要的是公平、對環境衝擊的充分考量，和焚化以外的其他變通方法。其實在現實的物質世界裡，我們每個人都要與化學物質共處，並且和它們發生作用。

這些令我們既愛又怕的化學物質（這些東西純化後，化學家會稱它們為化合物或分子），形體並不是最大的（那屬於天文學領域），也不是最小的（那屬於粒子物理學），它們的大小恰好位於中央——處於我們人類的尺度。這就是為什麼我們會在乎化學物質的理由，化學物質不是遙不可及、僅存在想像中的東西，而是真實存在這個世界的。這些汙染物或藥物能以適當的大小，與我們體內的分子產生有弊或有利的交互作用。

具有普通常識的人，會用有害和有益這兩種矛盾的情感來看待化學物質；這並不表示他們缺乏理性，反倒是符合人性。因為，「危險性質」和「利用價值」恰好是這二元性的兩個極端。在我們所處的世界裡，我們的奇妙心理常常會潛意識的、理性或非理性的以兩極價值來評斷外界。只有當一個人對外界沒有感覺，才不再提出「它能幫助我嗎？」「它會傷害我嗎？」這類二元性問題。提出這類問題賦予了遭質疑的對象（也就是問題中的「它」）生命，而「它」是與你相互關聯的。這個對象的不確定性（或許有害或許無害、或兩者兼具），使它變得十分有趣。「興趣」（interest）這字源自「在……之間」（inter）和「本質」（esse），也就是處於事物的多元本質之間。因此，人們對問題的質疑和求解的努力，會促使物質和心靈世界連接在一起。

走進化學家的世界

　　有害或有利，有害且有利，這只是使化學有趣的多種兩極性質之一。在這本書裡我也會對其他有趣的性質加以探討。首先是「分子的身分」（identity），這是本書的重點，也應是最重要的一項。接著我還會探討其他的二元性，如靜態與動態、創造與發現、自然與非自然，以及顯示與隱藏。

　　化學事實，例如一個分子或一個反應，都在由這些二元性定義的多維真實空間或心智空間中，以某種方式維持平衡。我們會問：它是新分子或是先前曾做出的分子？它對誰是安全的或對誰有害？它是像表面上看起來的靜止模樣，還是實際上正以音速移動？它原本就存在於自然界，還是在實驗室中製造的？一個問題接著另一個，問題會構成張力，尤其當解答為「均否」或「均是」的時候。張力能為我們的生活帶來變化，是促成變化的驅策力。如果說有什麼是化學的中心要意，那就是變化。

　　這本書的第二項目標是要告訴你，化學家真正在做些什麼。我可不是故意為化學做宣傳，而是要為你打開一扇窗，方便你進入化學家的世界。這樣你也許就能了解，與我們人人都具有的心靈動力相關聯的這些二元性，如何進入化學工作者的世界。想要了解化學，就得給自己無所畏懼的機會，或許還要對它產生興趣。化學世界並不難穿透；經由個案研究的方式，我要向你展示如何利用智慧和方法，回答任何人都可能提出的簡單問題：「我要怎麼做？」、「我得到的是什麼？」、「那實際上如何發生？」、「如果我必須向他人描述，應該如何敘述？」和「它有價值嗎？」等問題。

　　回答這些用普通語言提出的簡單問題，會使人很自然的去深思

隱藏在問題下的二元性。因此要回答「我得到的是什麼？」，會變成回答「這種白色粉末，與先前別人做出的其他一百萬種白色粉末（是的，這世界至少有一百萬種白色粉末），相同或不相同？」我會試著用實例來說明，化學家如何處理這些問題。

連繫物質與感情世界

因為我強調的兩極性，連繫了物質與人性，因此無可避免的要提到那好奇心無所不在、能大膽創造而又心存畏懼的人類。並討論一段有關沙利竇邁（thalidomide）的插曲，這是關於社會制度與人為疏失的故事。我還要講述偉大的德國化學家哈柏（Fritz Harber）那複雜又充滿創造力並且悲慘的一生。我也要對科學家的社會責任發表個人主張；同樣的，也要對化學家該如何對環境事務負責，提出我個人的意見。我的目標是盡量去尋找兼顧兩個極端的中間地帶。

化學家並不比其他人更深思熟慮。但是化學家面對的問題，所憑恃的化學專業，促使他們考慮問題的二元性，及相關的張力。或者說，二元性本身已經烙印在化學家的潛意識中。

我認為，強調分子本身和它形成過程的二元性，對促進化學家與非化學家之間的溝通，十分重要。所以，要回答「我得到的是什麼？」這個問題，並推論我的物質與其他物質的異與同，是可能的。但是，為什麼這樣的問題會有趣？那是因為它牽涉的物質種類辨識問題，與我們辨識身分的問題很類似——孩提時，在形成親密情誼與分離的複雜過程中，身分辨識的問題就已經深深影響我們。自然界的運作，其實與我們內在的感情世界相互連接。

　　身分的虛實、人的出身、善與惡、分享和私有、復活、危險和安全，以及障礙的克服，是心靈世界或想像世界在建構中，與分子世界相連的部分。這些感情上的焦點，會有意識或無意識的影響專注於分子世界的化學家，他們那美妙、如同在玩遊戲的心理。了解這一點，有助於了解究竟是什麼在推動化學家。我認為，透過兩極性來表達物質與心靈世界的關聯，能使我們明白，為什麼我們會對化學物質又愛又恨。

導讀

化學之美

儲三陽

　　化學是什麼？簡單的說，化學是以「分子」為主角的科學。化學家的興趣不外乎分子的合成、分析，和它們的構造及反應性質的研究。分子無所不在，影響之巨包括生活中的食、衣、住、行，甚至我們的身體組成。也由於它如此普遍，反而讓人不覺得重要，就如同我們看待空氣和水一樣，常忘記它的存在和必要性。美國化學學會常抱怨，報章雜誌鮮少報導化學新發展，只會出現負面的化學災難新聞。科學博物館也少有化學方面的展覽項目。的確，化學新聞的吸引力比不上哈伯天文望遠鏡發現新行星，或高能物理界發現新粒子的新聞。

　　分子是由一些我們熟悉的原子群組合排列而成的，然而銅、鋇、氧等幾種原子居然能排列出超導物質，碳原子也可以形成足球形狀、具有特殊性質的C_{60}。所以說，化學往往與文學和藝術相似，個別文字和各色顏料雖不起眼，但組合出的文章和圖畫卻可以多采多姿，甚至震撼人心。化學之美在於它的豐富與複雜，並且充滿了未知的變數，人們有機會駕御它，而不只是大自然傑作的旁觀者。但這也說明化學不易給人清楚的形象，而且人們對它有貶有褒，又愛又恨。

　　本書作者霍夫曼是1981年諾貝爾化學獎得主，也是興趣廣博

的理論化學家。他以化學代言人的身分，給化學這門科學做一番分析。書中內容分十部，共有五十一篇文章。第一部關心分子的「身分」，這個首要問題包括了化學家如何去分析、鑑定分子構造。在構造上少許的差異，譬如兩個鏡像分子，會有迥然不同的化學性質，例如麻醉劑嗎啡的鏡像化合物，並沒有麻醉作用。

第二部是「化學的表達方式」，由於撰寫論文是化學家的一項重要活動，因此在這裡介紹化學家如何使用化學共同語言和化學符號來發表論文。

第三部「製造分子」是關於化學的「合成工作」，這是化學家的核心任務——去合成自然界已存在的分子，如牛仔褲用的靛藍染料，或不存在自然界的分子，如立方烷。在合成過程中，不但創造了具有新穎化學性質的新分子，往往也發掘出合成反應的新規則。作者即是在進行合成工作中，發現了軌域對稱性對反應的影響，因而獲得諾貝爾獎。化約主義者往往忽略了合成化學這項獨特工作是如何運作的。

第四部「當事情出了差錯」談到沙利竇邁藥物事件和科學家的社會責任。那是在1960年代盛行的一種鎮靜劑，事後才發現會引起胎兒殘障缺陷。這過錯在於對藥物檢驗工作上的疏失；實際上近來研究發現，沙利竇邁對愛滋病擁有療效。分子無罪，問題在於人類是否將它用對地方。

第五部「它究竟是怎麼發生的？」在介紹化學反應機構，這是化學家感興趣的重要課題。

第六部「化學生涯」，介紹氨合成法的發明人哈柏悲劇性的一生。

第七部「化學魔術」中介紹化學領域裡獨具特色的「催化反

應」，這是在別的領域少有且最能代表化學特色的現象。

第八部「利益、傷害和民主」，強調化學的社會層面。人們對化學有兩極印象，一是增進人類福祉，例如糧食增產、化學藥物治療等，另一卻是負面的環境汙染。顯然化學家在過去設計分子時構思尚不夠精確，技術仍待改進。如果當初設計的塑膠袋用畢後會自動分解，而氯烷產品在大氣中的生命期更短，不至於擴散到臭氧層，那麼對環境的破壞就會明顯降低。

第九部「雙原子探險記」，介紹C_2分子在有機、無機、物理化學、表面科學的面面觀。這篇很能代表作者在化學上廣泛的興趣，雄跨化學各領域。

第十部也是最後一部「使化學生氣蓬勃的二元性」。談到化學除了本身存在多種二元性的觀念，例如「酸」和「鹼」，「共價鍵」和「離子鍵」，「親電性」和「親核性」，「軟性」和「硬性」，一般民眾也會對化學提出一些二元性問題，例如「有益」或「有害」，「自然的」或「非自然的」，「相同」或「不相同」。問題雖簡單，化學家卻要深入了解，才能回答。

難得的通俗化學好書

我們向來少有機會接觸到化學方面的通俗科學書籍，而這本好書的出現，格外顯得難能可貴。作者思想深入，文章篇幅不長，但篇篇都值得細細品味。由字裡行間不難看出作者涉獵甚廣，霍夫曼的學問能如此廣博是有原因的，作者在大學時代曾經幾乎想要捨化學而攻讀藝術史。他把本書所散發的濃厚人文藝術氣息，歸功於哥倫比亞大學對通識課程的嚴格要求。

　　我個人對這本書有幾處印象特別深刻，例如第五部中提到科學家不宜把對「知識」的追求，混淆為對「真理」的追求，而自封「真理」宣道士。其實科學家更相似於藝術家：其一，兩者皆在從事「創造」工作；甚二，大眾對藝術家有較少的錯覺——大眾期望藝術家產生偉大的藝術品，但不期望他們在是非原則上和道德上優於常人，同理也適用於科學家。

　　此外，科學家不宜簡化對世界的看法，以為只要推廣自己「理性」的科學方法，則一切社會上、政治上的爭議問題，均可迎刃而解。其實在實驗室所處理的問題，是將對象一再的簡單化，以到達可解的程度。科學家又有選擇問題的自由，這情況就迥異於社會上和政治上所面臨的種種複雜問題。所以作者在第八部中解釋為何科學家和工程師不宜從政；即使從政成功，也不必歸功於科學上的訓練。

　　作者曾在1996年5月訪台，在逢甲大學做過三場通識科學演講——「一體多面的文化觀」、「分子之美」和「化學之美」。也在北部各校做了幾場學術演講，一是有關C_2分子，另一是有關表面化學，分別和本書中的第七部和第九部內容相關。

　　記得在逢甲演講時，有同學問道：「您得諾貝爾獎的祕訣為何？」當然霍夫曼無法直接回答，但是提到他做研究的二個得力點。一是經常努力用簡單語言，把研究結果滿意的解釋給自己或別人聽，這歷程像是「研究」或「教學」工作的結合，使他獲益良多。二是不刻意去做熱門的問題，而是去做一些可能相關的小問題，但著重在這些小問題背後所呈現的大構圖。他常愛說：「事事原理相關。」（Everything is connected to everything else.）引申意是說：一項基本原理會以多方面、多角度呈現在實驗結果中，即使旁

敲側擊，照樣可以發掘出這些基本原理。但是這就有賴敏銳的觀察力，倒不是常人容易辦得到的。

　　霍夫曼的求學歷程中有一段曲折過程，事實上，他一直對大學部化學課程提不起興趣，直到暑假實習，在國家實驗室做放射化學的研究之後，才深深為化學所吸引，而與他原先熱愛的藝術史擦身而過。這說明實驗科學「動手做」的重要性，有聲、光、味、色的現場接觸，其吸引力遠勝於課堂講解。若以培育未來科學人才的角度考量，增加實驗課程，或如現在國內一些科學活動像「國科會暑期學生專題研究」及「遠哲興趣科學競賽」等，應是吸引青年投入科學研究之列的有效做法。

導讀

聽諾貝爾獎大師闡述
化學世界中的陰與陽

鄭原忠

　　「食安風暴」、「環境汙染」，這幾年台灣與化學有關的新聞特別熱鬧，可惜的是，一般人聯想到化學的時候，大多都帶著負面的觀點，坊間標榜健康的用品也常常打出「純天然、無化學物質」的旗號，曾幾何時，「化學」幾乎與「有害」劃上等號，這實在是項悲劇，因為我們日常生活跟化學製品怎麼樣也脫離不了關係，近年來革命性的科技發展，如大家現在不能離手的智慧型手機，從觸控面板到內部積體電路的製作，都是透過化學程序才得以完成的。化學背負著這樣子令人愛恨交加的複雜情結，讓人無法定位，而這本《大師說化學》，就是諾貝爾獎得主霍夫曼博士抽絲剝繭，為大家痛快淋漓的解析化學研究在現代社會扮演的豐富角色。

　　在《大師說化學》這本書中，霍夫曼利用深入淺出的小故事，闡述了化學這個領域的範疇、化學研究的本質、化學家工作的樣貌，以及化學與人類社會的關係，作者不愧為諾貝爾獎級的大師，除了能夠信手捻來有趣的小故事，深刻回答了關於化學本質的問題，更進一步利用非常有深度的討論以及人文關懷，賦予本書豐富的哲學內涵，本書收錄了五十一篇短文，分成十部，書中反覆出現

的主題，扣緊了關於化學中二元性的討論，特別是關於化學「利」
與「弊」的辯證。

認識化學，從結構開始

　　要辨明化學的利弊，唯有從認識化學開始。因此作者在第一部
裡面用化學上的分子身分鑑定開頭，透過找出蚖蟲油分子結構的例
子，說明從分離、分析、結構鑑定、到用人工合成來驗證化合物生
物活性的整個過程中，化學家如何扮演偵探的角色，利用現代化學
知識與科技，找出問題的答案。

　　作者藉著這個過程，介紹了很多現代化學的技術與儀器，更進
一步討論了異構物的原理，強調些微的分子結構差距可能造成很大
的性質不同，這裡面探討的「相同」與「相異」的故事，直指現代
化學知識的核心依據：所有的物質都是由分子構成的，而分子內的
原子排列，決定了物質的物理與化學性質。

　　此外，在這一部中，作者更直接對化約主義的科學觀做出批
判，化學家專注於解決實際的問題，善於利用歸納與類推的方式
來得出普遍性原理，這與化約主義「分而治之」的邏輯是截然不同
的，因為化學世界的複雜性，很多時候必須考慮整體才能得到可以
解決問題的答案，例如異構物的性質、酸性和鹼性、官能基和取代
基效應，這些概念恐怕都不能嚴格的數學化，但是在化學研究裡面
卻又扮演著重要的指導性，是非常有用的概念架構。意識到這一點
以後，才不至於去陷入尋求無意義化約的理論框架，導致無法解決
真實的問題。

　　第二部討論的是化學論文發表的文體問題，這個章節擺在科普

書中看起來有點突兀，但卻是作者試圖說明「化學家在做什麼」的重要窗口，對於化學研究學術論證的文體、學術操作的評論，甚至於化學期刊的審查機制，霍夫曼都做出了有趣的評論，讀者在看完這一部之後，對於化學知識生產的本質應該有進一步的認識。

　　第三部討論化學合成。相對於第一部討論化學在「分析鑑定」的角色，這一部作者用立方烷當例子，說明化學家在「合成」上的工作，這代表的「創造」活動其實是化學研究最獨特的面向，更進一步，霍夫曼還從文學藝術以及哲學裡面，尋求歌頌化學創造的靈感。化學是一個嚴格的自然科學學門，但是化學家除了在發現自然界運作規律的這個角色以外，更擔負起創造建立新事物的工作，要合成一個特定結構的分子，除了需要有嚴謹的邏輯以及化學知識以外，在很多時候還需要用奇特的創造力以及如同藝術家的創新能力才能達成。作者指出，這中間除了科學的成分，還需要有美學的基礎，從這個角度而言，藝術與化學並不是二元對立的，只是藝術要去發現、探索的是內在世界的事物，與化學關心的分子層面不同。

以人的角度出發

　　討論完化學合成的技藝以後，作者反過來在第四部裡，用實際的例子提醒化學家，當事情出錯的時候，可能造成什麼樣子的重大影響，在這個地方指出了科學家的社會責任。如同本文開頭所言，談到化學，大眾常聯想到一些負面的元素，例如危險、有毒、爆炸等等，作者指出這中間的問題本質其實並不是自然與非自然，而是劣質的科學的確會危害人類，對科學的無知也會造成不必要的誤解。因此我們應該學習用更淺顯的語言，把正確的化學知識傳達給

普羅大眾，我覺得這是很值得現代或未來有心進入化學領域的年輕人去仔細思考的。

第五部的主題是關於化學變化如何發生，這是反應機構的問題。這裡作者特別強調了靜態與動態的二元性，特別是分子之間在微觀的尺度藉由碰撞發生化學反應的過程，作者透過精巧的舉例以及實驗，解釋了化學動態平衡這個重要的觀念，並用哈柏法製氨的例子，說明如何利用巧妙控制平衡來得到重要的產物。

在解釋了哈柏法製氨的化學原理以後，在第六部裡用比較長的篇幅，介紹了哈柏這位傳奇人物的生平，哈柏的輝煌貢獻不在於創立了嶄新的理論，而是改善了一項化學程序，他開發出來的製氨方法，開啟了化學肥料的世紀，養活了無數人，也對人類社會以及生活方式做出了徹底的改變。有了這樣的成就以後，哈伯卻受愛國心驅使，將心力與才智貢獻在為軍國主義服務的化學武器研究，以及從海水中萃取黃金等計畫上，最後卻在德國納粹排除猶太人的運動中，成為遭排擠的對象而流落異鄉，抑鬱以終。

接續哈柏的故事，在第七部裡作者討論了人工合成，以及自然生物裡的催化劑，在化學的領域裡，催化劑無疑是最能展現化學藝術的舞台，也最能捕捉化學的特性，作者在這一部舉出幾個例子來充分說明這項本質。

在第八部中，作者回來討論化學到底是有利，還是很可能有害的這個雙重性質，並從染料工業的發展開始，為大家娓娓道來化學工業的歷史起源，並延伸到化學工業的發展對人類社會的巨大影響，甚至將化學聯繫到民主這一個重要的人類政治體制。霍夫曼大膽的宣稱，化學的影響不可避免導致了民主化的進程。這一部有許多精采的跨領域論述，霍夫曼並不一味歌頌化學的美好，反而處處

充滿人文反省，充分表現出他身為人道主義者的本質，我對於書中的這一句話特別印象深刻：

　　當我聽到反科技者說出，反對化學密集的現代農業、反對藥物治療的時候，就會氣得心跳加速；我為那人所持的立場缺乏對人類同胞的同情，感到憤怒。

　　任何科學發現產生的影響，都有一體的兩面，不應該用絕對的好壞或善惡來界定，化學家時時凝視著傑納斯的肖像，在科學之外，跨領域的人文素養是決定一項科學成就對人類為善為惡的重要因素，做為科學家我們應該深深警惕，台灣在過去幾年走過各式各樣的食安以及環境安全問題，有著警覺的態度，意識到化學知識的雙重性質，就顯得非常重要，因此這一部歸結到最後，作者用化學教育的期許來結束，就顯得特別有意義。

　　在第九部中，作者用C_2這個分子片段在不同化合物中的結構以及功能異同當例子，來說明一個分子片段如何在不同環境中，表現出豐富的性質，最後顯現出分子科學的大圖像──從結構的同與不同出發，化學家可以解釋眾多的物質現象。這一部的內容是作者的研究領域，因此有如一個小冒險，讀起來特別有趣。

　　在最後一部，作者回到化學的二元性來總結本書，以希臘神話故事結尾，其實也呼應了本書一以貫之的總台詞：化學家利用化學分析與合成創造的藝術，跨越了化學、物理、生物、歷史、文學、政治體制、人文關懷，在各個領域產生的對立與二元性，其實也彰顯了對話的機會，從而產生了無窮的可能。

化學是平衡之學

　　霍夫曼的思考其實饒富東方世界的文化底蘊，他在本書中強調的「二元性」，例如化學物質的「有利」或「可能有害」，正如同我們熟知的「陰陽」概念。熟習東方哲理的人就明白，陰與陽並不是簡單的二元對立，反而常常是事物一體的兩面，也常是互補相成的。老子在《道德經》中說：「萬物負陰而抱陽，沖氣以為和。」因為陰與陽的互補，展現出萬物無窮的可能性，做為總結萬物構成的解釋。

　　正如霍夫曼在本書中一再闡述的，這樣子的陰與陽在化學世界裡所在多有，例如物質的同與異、靜態與動態、創造與發現、自然與非自然……化學遊走於兩極對立之間，產生出無窮的趣味與可能性，書中第九部講述 C_2 分子片段的例子，不正好就有「道」生一，一生二，二生三，三生萬物的意味？一個好的化學家，總是懂得去尋找兼顧兩個極端的中間地帶，取得平衡。

　　本書的原文出版於1995年，在1998年曾經由天下文化以《迴盪化學兩極間》的書名出版，這本二十年前完成的書，就現在看來，書中的個案研究仍然有相當的現代性，在大師的生動筆觸下歷久彌新，不愧《大師說化學》的題名。筆者當年在當兵時曾經讀過這本書的譯本，也為書中霍夫曼信手捻來的例證以及饒富哲思的論理而深深折服，在後來求學以及從事研究工作的日子裡，我也多少受到了這本書的啟發。因此這本好書能夠再次發行，讓年輕學子有機會接觸諾貝爾獎大師淋漓盡致闡述化學世界中的陰與陽，在純粹科學知識外做更多哲學及人文思考，實在是非常有意義的事。

　　　　　　　　　　　　　（本文作者為台灣大學化學系副教授）

第一部

驗明正身

第 **1** 章

孿生兄弟傳

　　歐茨（Joyce Carol Oates）是美國最有才華且多產的作家之一，她曾以「史密斯」（Rosamond Smith）為筆名，寫過幾部心理驚悚小說。這些小說描述一對孿生兄弟複雜、富裕、飽受恐嚇威脅的生活，其間兩人的境遇有許多相似與相異處。

　　歐茨在1987年出版的《孿生兄弟傳》（*Lives of the Twins*）中，帶我們進入年輕女性馬克絲（Molly Marks）的世界。馬克絲與她的心理醫師喬納森・麥艾文（Jonathan McEwen）相戀。故事的發端是：喬納森有外表完全相同的孿生兄弟，名叫詹姆斯（James），這件事喬納森始終對馬克絲保密。由於某種潛藏在暗處的邪惡力量，迫使這兩個孿生兄弟分開。巧的是，詹姆斯也是心理醫師。心神受困的馬克絲尋求詹姆斯的幫助，和詹姆斯展開了一段複雜的關係。這裡轉述了馬克絲對兩兄弟的觀察：

　　沒錯，他們頭上的髮旋方向相反，但是頭髮是一模一樣的；更詳細的說，頭髮的質感、粗細、彈性、雜有銀灰條紋的程度和髮色

的濃淡都相同……他兩人的牙齒整體看來也十分相似。至於他們口中的蛀牙是否各據相反的一側，馬克絲就不得而知了。從馬克絲浪漫的情人眼中看去，兩兄弟都有一顆虎牙，反倒使他們多了幾分俏皮伶俐的氣質，就像神刀麥克（Mack the Knife）……

不過，當喬納森抽菸時，他會把香菸夾在右手，並把煙呼出，他習慣扭曲右半臉；詹姆斯則把香菸夾在左手，噴出濃密的煙霧，並習慣扭曲左半臉。另外，喬納森似乎只在不快活時才抽菸，詹姆斯則從未明顯不高興過，他總是在心情愉悅時抽菸。馬克絲最初認識詹姆斯時，他和喬納森都抽同一品牌的菸。現在，詹姆斯嘗試其他較不強勁且不易滿足菸癮的菸，他正努力戒菸。

兩兄弟都用同一廠牌的刮鬍刀、除臭劑、阿斯匹靈、牙膏……雖說詹姆斯會隨心所欲的從任一處擠牙膏，喬納森卻總是從管子的末端擠牙膏，而且還整齊的把它捲起來。

這一對孿生兄弟時而相同，時而相反的生活習慣，究竟和化學有什麼相干呢？

化學是一門耀眼的科學，它從分子的角度來了解自然與非自然的事物，且恣意以各種方式改變我們生存的世界。化學觸及我們生活的每個層面，譬如，詹姆斯和喬納森使用的刮鬍刀、除臭劑、阿斯匹靈和牙膏。又如現在我們身上衣服常用的顏色，在古時候只有權貴才能取得；要是我們以目前的穿著方式生活在古代，那真不知要死幾回。圖1.1是兒童罹患各種腫瘤的存活率，橫軸為年份，縱軸為存活率。從圖中我們發現，直到引進化學療法，患病兒童的存活率才顯著提升。

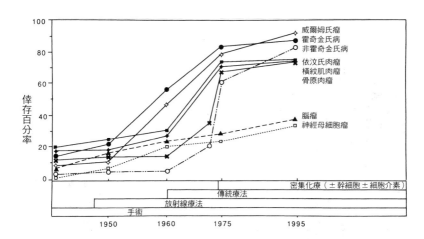

圖 1.1　1940 年至 1995 年之間，經診斷為具有各型實性瘤之兒童的存活百分率。由瓊斯（ F. Leonard Jones）提供。

　　透過分子結構及分子反應的研究，我們得知了無法以肉眼觀測的物質內在，比如原子在天然蠶絲和人工尼龍中的多樣連結方式。再如，我們洗滌蘋果和其他蔬果，鮮少是由於它們表面的塵土，而是擔心施加在蘋果上的化學殘留物。次頁的圖 1.2 是一個化學品棄置場，我們可以看到低效率的工業生產和人類的疏失，往往會聯手造成環境汙染。

　　真實世界裡充滿複雜之美，而且所有存在其中的事物（例如性格和藝術），都不能全然以善惡做簡單的二分法，化學也正是如此。羅馬天門神傑納斯（Janus）的肖像（次頁圖 1.3），正是外界對化學兩極看法的恰當隱喻。

圖1.2　充滿廢料桶的化學物廢棄場。（John Cunninghan 攝）

圖1.3　有兩張面孔的傑納斯。

　　　　爾尼（Hans Erni）於1981年繪製。

　　化學之所以看來曖昧不明，不僅是因為它呈現出的矛盾，還有更多其他理由。化學介於物理學和生物學的領域之間，它無關無限小或無限大的事物，並且只與生命間接相關。所以就如同處於灰色地帶的事物一般，人們經常視它為乏味的。但是，雙重的驚喜卻等待著肯細看分子景致的人，因為那兒是豐富且令人激奮的世界——這世界存在化學內部，以及被認為冷漠而實際上卻充滿熱情的分子研究人員的情感中。在本書，我將探索化學的基本張力，也就是探求推動、分裂和改造分子世界的兩極觀點。

　　你可能會問，孿生兄弟究竟與這何干？那可是息息相關呢。在馬克絲對那對孿生兄弟的描述中，隱藏的問題是：「你們是誰？」「你們不同嗎？」「你們相同嗎？」馬克絲的不安來自對於這對兄弟的識別、身分，以及相同與相異等的疑問。

　　同樣的問題，也引發化學家與頑強的物質之間的對話。他們也要問：「你們是什麼？」、「你們不同嗎？」、「你們相同嗎？」問題中的陌生對象正是擬態分子的概念，而這些在免疫學和藥物設計上具有引導作用的隱喻，拓展了分子身分的概念。我們發現這些問題是極為有力的隱喻，它們觸及了對於物質的區分、個別化，以及對物質本身的深度關懷。

第2章

你是誰？

　　化學家在面對任何新樣品，譬如：以天價從月球表面帶回的塵土、從街上買回的不純麻藥、從一千隻蟑螂腺體中抽出的長生不老藥，第一個問題總是：「我得到的是什麼？」這個疑問可能比一般人想像的還複雜；因為在現實世界裡，沒有一種物質是純的。你仔細觀察周遭最純的物質，譬如矽晶片、精糖或藥物，你會發現這所謂的「純物質」中，存有百萬分之若干的物質，是你或許不想知道的雜質。

　　其實物質都不純，尤其是天然物，一般來說，天然物比合成物更不純。的確如此。葡萄酒中已經鑑定出大約九百種揮發性芳香成分；品酒專家能辨識出著名的德國莫色耳（Moselle）葡萄酒，即是由於它的混合成分（當然是指天然化合物，還有別的嗎？）別具特殊風味與香氣。令人好奇的是，雖然酒的成分是可定量的化學物，但它的風味與香氣，卻始終令化學家捉摸不清，還得倚賴味覺和嗅覺靈敏的品酒師，才能把正確的酒挑出來。

　　為什麼天然物不純呢？因為生物是很複雜的，它們是演化的產

物。你需要上千個化學反應和無數的化學物，才能使葡萄樹或你的身體運作。並且，大自然是不斷嘗試的修補匠，確保動植物存活的運行法則，是祂數百萬年以來隨機實驗的結果。因而，生命織錦上的每一處，都呈現出繽紛撩亂的分子形狀與色彩。我們眼前任何運作中的事物，都是歷經彼此的揀選，再由大自然的生存實驗錘鍊成形的。

因此，我們真正要問的不再是「這是什麼？」而是「這裡面有多少這東西？」我們把物質的組成成分分開來看，每一成分就是一種化合物；它們是穩定黏結在一起的原子群，而這樣一群原子就叫做分子。純化合物是指由完全相同的分子聚集而成的物質。每種化合物的性質都不同，就像糖和鹽，兩者都是能溶於水的白色結晶體，但是我們可以輕易利用其他的物理、化學或生物性質來區別它們。

把物質的成分分離出來後，我們要鑑定這些化合物的結構。對化學家而言，結構的意義是指：純化合物中含有哪些原子，這些原子如何相互連接，以及它們在空間中如何排列。

讓我們先從物質的分離開始探討吧！我恰巧也是礦物蒐藏者；次頁的圖2.1顯示的是自然界形成礦物的一種方式。這是長在長刃狀重晶石上的淡綠色螢石，這塊標本採自德國黑森林區。如果你的一生能像地質年代那麼長久，在某些條件下，你會發現物質自然相互分離，螢石晶體就是這樣形成的。這種現象就稱為部分結晶。不過，大多數化學家無法等上數千年之久。如果僅歷時五年（差不多是取得博士學位所需的時間），或許還能等等看。所以人類需要較快速的技術，因此有人發明了各種儀器來分離物質。

圖2.1　重晶石上的螢石。（Studio Hartmann 攝）

　　圖2.2是得自「氣相層析儀」的測量結果。這種儀器價值約美金五千元。它藉由重複使分子吸附在細沙狀顆粒上再釋放的方式，使分子分離。利用這種把分子暫留、再釋放的步驟，可使不同的分子找到不同的平衡位置，而以不同的速度通過機器。

　　圖2.2是出自一群致力分析新鮮可可香氣的化學家的研究論文。你也許會感到奇怪，怎麼有人想從事這樣的研究？事實上，位於瑞士沃韋市（Vevey）的雀巢公司實驗室就非常樂意。那裡的化學家取來兩千公斤的迦納可可，以蒸氣和二氯甲烷萃取其中的香氣成分。他們把萃取物濃縮至五十毫升，取部分濃縮物通過氣相層析

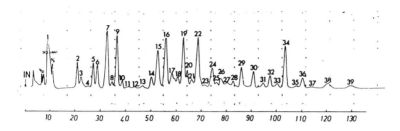

圖2.2　圖上的三十九個尖峰是經由氣相層析儀分離出來的，每個尖峰含有
至少一種構成可可香氣的化合物。橫軸表示時間，以分鐘為單位。
縱軸是各成分的相對濃度。本圖經許可翻印自 J. P. Marion 等人，
Helvetica Chimica Acta，50（1967 年）：第 1509-16 頁。

儀。從圖中我們可以看到，三十九個尖峰經過嚴酷考驗，由層析儀
區分開來，分散在時間軸上的不同位置。每個尖峰都代表至少一種
化合物。事實上，雀巢公司的化學家從中鑑定出五十七種不同的化
合物，其中三十五種，以往並不知道可可中含有。由此可見，真實
世界的複雜度超乎我們的想像。雖然，這五十七種化合物並不一定
都會產生可可的香味，但這告訴我們，天然混合物到底有多複雜。

　　下一項工作是要精確的找出這三十九個尖峰裡，究竟含有什麼
分子。在某些實例中，當分子好好合作，也就是如果它們能規規矩
矩的結晶，我們就可以用 X 射線繞射儀（價值約美金十萬元）以及
一星期的時間，來決定分子的結構。

　　次頁的圖2.3就是以晶體繞射分析法測得的分子結構。不過，
這可不是在可可香氣中發現的分子！它含有三個銠原子——就我所
知，還沒有人在可可中發現過銠原子。但這並不代表自然界的生物
都不具有金屬成分，事實上，像鐵、銅、錳、鋅、鎂、甚至稀有的

鉬和硒，在生物體內都扮演重要的角色。但對於汽車觸媒轉換器非常重要的銠，卻不是必須的微量生物元素（詳情將在第34章中敘述）。我在此展示這個分子，只是為了說明，我們能測定分子形狀的詳細情形。在這個像「星際大戰」的結構圖中，你可以看到一些數字，這些數字表示原子間的距離。你瞧！連這麼詳細的數據都可以測量出來。

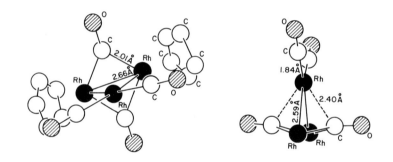

圖2.3 $Rh_3(C_5H_5)_2(CO)_4^-$ 晶體結構的兩個立體鳥瞰圖。

第3章

豉蟲

　　但是，分子常不肯與我們合作，不直截了當透露它們的祕密。它們或許無法形成良質小晶體，以供Ｘ射線晶體繞射法進行最後的確認。且讓我用一則小故事來說明，化學家無法直接從晶體繞射法獲得答案時，如何決定分子結構。這個故事採自有機化學家曼沃德（Jerrold Meinwald）和集神經生物學家、昆蟲學家、昆蟲生理學家於一身的艾斯納（Thomas Eisner）的研究成果。他倆都在康乃爾大學工作，也都是我的同事。過去三十年來，他們一同致力於化學生態學領域，從事昆蟲的防衛與傳訊系統研究。他們研究的對象——昆蟲，是最偉大的化學家。昆蟲比其他物種高明之處，在於牠能成功的利用簡單與複雜的分子，以單種或類似香水混合物的形式傳遞掠食、防禦、繁殖及行為的訊息。

　　次頁的圖3.1是我居住的小鎮綺色佳（Ithaca）附近的景致。時逢此地最美麗的秋季，池塘水面上漂浮著楓葉，還有一些小甲蟲。這些有趣的小生物叫做豉蟲，分類上屬於豉豆蟲科（*Gyrinidae*），牠們生活在獨特的棲息地——水面上。許多垂釣者很渴望模仿這個

圖 3.1　綺色佳賽普薩克森林裡，長有豉蟲的池塘。艾斯納攝。

情境。因為豉蟲繁殖力強，艾斯納推論牠們可能具有抵抗肉食性魚類和兩棲類捕食的防禦機制。於是他開始探索這種機制。

圖 3.2 顯示學名為「*Dineutes hornii*」的豉蟲詳細的外形構造。豉蟲若受到驚嚇或虐待，會從腹尖附近的兩個囊狀腺體開口，分泌出白色乳狀物（圖 3.3）。這種物質能防止魚類或兩棲類吞食牠們。

艾斯納、曼沃德和歐普恆（K. Opheim）合力從五十隻豉蟲體內，分離出四毫克的黃色油液，稱為「豉蟲油」。四毫克是非常小的一滴，小到幾乎看不見。但是僅以這四毫克油液，就能測出這種攸關小豉蟲性命的化合物分子結構。

他們是怎麼辦到的呢？這說來可真像偵探故事，這故事是從一些物理量測開始的。圖 3.4 是艾斯納和曼沃德展示的幻燈片，目的

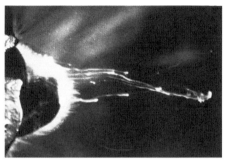

圖 3.2　學名為 *Dineutes horniid*　　圖 3.3　蚊蟲分泌出的防禦性物質。
　　　　的蚊蟲。艾斯納攝。　　　　　　　　　艾斯納攝。

是向同行說明他們的研究結果。

　　我懷著惶恐的心情來解說這張圖，因為它充滿化學這一行的專業術語。但是，我可以大致解釋他們在測量什麼，為什麼要測量，還有從這些數字裡，化學家得到哪些重要的訊息。圖中的細節並非無關緊要，不過方法的本質卻在可以理解的範圍。我認為透過這項個案研究來體驗現代化學的真實性質，雖然冒險但很值得。

　　50 隻蚊蟲（尾端腺體）→ 4 毫克黃色蚊蟲油

　　IR：1680, 1663, 1640, 1618cm^{-1}

　　UV：238(20, 300)；325(sh.)nm(EtOH)

　　MS：<u>m/e</u>　234.1245

　　　　　234.1256 為 $C_{14}H_{18}O_3$ 之計算值

圖 3.4　曼沃德在演說中提出對蚊蟲油試驗所觀察到的各種光譜結果摘要。

之前提過，分子極微小；的確，若把那四毫克蚊蟲油中的每個分子，都放大成一粒沙的大小，那它們會淹沒整個綺色佳達四百公尺深。雖然我們無法用任何光學顯微鏡來觀察分子，但是有若干種「光譜學」方法能探知分子的結構。這些方法是以一種或多種不同波長的光來刺激分子，使分子發生吸收光或是放射光的反應，好讓有如「分子偵探」的化學家得以推論該分子的結構。

所謂光譜法，就是指出從分子內部而來的信號；而光譜法運作的方式就是顯現出這現象。或許你已知道，撥動一根吉他的弦，它產生的頻率要視振動的弦長（這就是為什麼吉他上要有琴格）和弦的粗細材質而定。至於細節，也就是你從一根直徑一毫米的銅弦上發出的確切音調，則可由物理學家或工程師算出。所以，假設在一間你無法透視的房間裡，放一把你不熟悉的吉他；如果你找人進去撥動它，並且你又熟知弦的振動理論；那麼，你就可以只憑暗室中發出的信號（吉他的彈奏聲），推論出琴弦的長短和粗細。

圖3.4中的IR和UV分別代表「紅外線」（lnfrared）和「紫外線」（ultraviolet）光譜法，這兩種儀器和技術，全都先選擇光波，然後傾聽分子回應。MS是「質譜分析法」（mass spectrometry）的簡寫，那些神祕的數字則是光譜法的測量結果。右頁圖3.5展示的就是質譜儀。

IR和UV大約價值美金五千五百元，MS則要花上二十二萬美元的高價。我強調這些儀器的價格，是因為有人正為這些化學家玩的遊戲付費，而你也是其中一人。那些遊戲提供我們關於蚊蟲和世界上其他事物的可靠知識。這就叫做研究，它是有用的，不過它也是一種「玻璃珠遊戲」*，發放經費的人應該知道，這種基礎研究的花費有時相當龐大。

圖3.5　曼沃德、歐普恆和艾斯納用於鼓蟲油研究的質譜儀。圖中的機器是
　　　日立 MS-80A 機型。

　　在這些閃閃發光的儀器中，最昂貴的質譜儀的確有它的價值。
它能稱出分子的質量，並且非常精確的告訴我們：鼓蟲油中有十四
個碳、三個氧和準確的十八個氫原子，而不是十七個或十九個。

　　但化學家想知道的不只是化學式 $C_{14}H_{18}O_3$，他們還想知道這些
原子如何連接，分子是什麼形狀？圖3.4中的其他兩種光譜法可以
給予少許線索，但並不能證明分子的結構。為了解答這個問題，曼
沃德和歐普恆使用了另一種價值約二十萬美元的核磁共振（NMR）

＊ 編注：《玻璃珠遊戲》（*The Glass Bead Game*）是赫曼赫塞的作品，小說中的玻璃珠遊戲，
　意指結合整體知識的創意過程。

光譜儀。這種機器的原理是測定分子中每個氫原子的磁場。氫原子
和另一個氫原子所處的微觀環境不同，就會產生不同的信號。你在
圖3.6中見到的尖峰，同樣是得自分子內部的訊息，是辨別豉蟲油
中不同氫原子身分的線索。磁共振顯影術（MRI）也是使用同樣原
理的技術。

　　化學家是如何推論分子結構的？圖3.6這張光譜依磁場位移單
位來看，在大約9.97處有一個尖峰，1.82處有另一個尖峰，還有在
2.27處也有一個。這些尖峰正是氫原子在不同微環境下的特徵。康
乃爾的夥伴已經在一千種分子中得知這種情形。他們發現，每當光
譜在大約9.97處出現尖峰時，那個尖峰必定是某個氫原子的特徵，
也就是醛基（HCO）上的氫。位於1.82的氫則是甲基（CH_3）上的

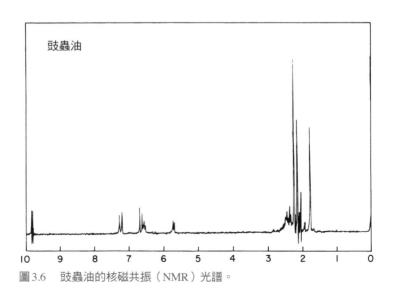

圖3.6　豉蟲油的核磁共振（NMR）光譜。

氫。利用這些光譜與結構的關聯性，化學家把分子結構一片片組合
起來。最後，歸納得到正確的蚊蟲油分子結構，如圖3.7所示。

這是結構的測定，也是某些省思的起點。首先，辨認這些原子
和它們連接情形的過程，像極了偵探故事。就這些寶貴的片段證據
和昂貴儀器提供的訊息而言，沒有一件能單獨證明任何事實，它們
只不過是線索。但是在聰明人手中，它們如一塊塊拼圖般被組合了
起來，並巧妙的相互連結。這些訊息也像是一段段敘事，向分子診
斷家娓娓道來分子結構的故事。大致看來，由此得到的解答都是正
確的。

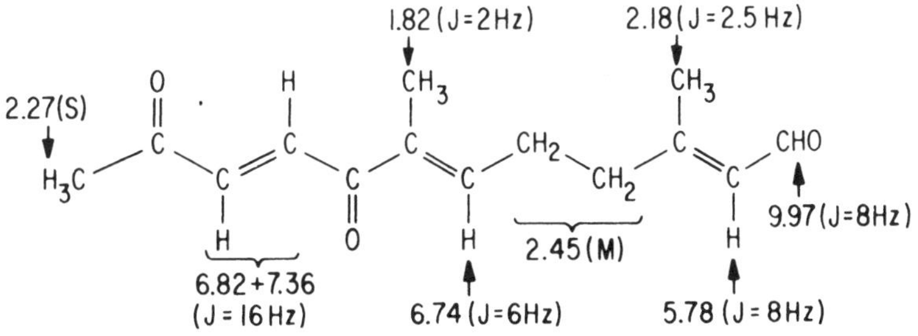

圖3.7　化學家推論出的蚊蟲油分子結構。數字是指圖3.6中，NMR「尖峰」
的位置。

第 **4** 章

對抗化約主義

　　有機化學家跟無機化學家，一再運用他們在指認豉蟲油分子結構上的創造力。由於決定分子結構需要用到物理測量，以及對測量結果進行解釋，所以從事這項技術的化學家，大都了解光譜學背後的物理原理。但是，他們經常以類推的方式應用這些物理學知識，例如去觀察一千種化合物，看看它們在光譜上的某某處有什麼樣的尖峰。對於某些人而言，這樣做並不足以令他信服。他會說：你得在光譜物理學上探究得更深，並且鑑定各種信號背後的機制或原因，以及確實算出結果；也就是說，除非你真正了解某尖峰的位置應出現在9.97，而不是9.87或10.07，否則你不能聲言自己懂得這項技術。

　　對於追求這種理解方式的人，你能說什麼？我們無法否認這是好事。但是，追求這種理解方式的人，勢必會走向漸形深奧難解的境地，終至陷入化約主義者的模式。他會全神貫注於物理現象的來源，好像在做很棒的科學。但是，我敢打賭他們一定無法解出許多分子結構。尋求解答的心理過程，牽涉到某種心智上的「界線劃

定」，這是你想對問題鑽研多深的自定限度。愈陷愈深的人，追求
的是另一種知識，與想解決問題的人不同。

　　這把我們引入化約主義，以及對事物的理解方式中。就「化
約主義」而言，我指的是一種科學層次的概念，它具有和理解相關
的定義，以及對該理解層次隱含的價值判斷。這種層次體系是從人
文科學的層次開始，經由社會科學的層次到生物學、化學、物理學
以至數學的層次。在一張諷刺化約主義的漫畫中，人們渴望這麼一
天的到來──文學和社會科學能以生物功能來解釋，生物功能又
可用化學來解釋，以此類推。我們或許應該把這種思想的濫觴，
歸功於笛卡兒的哲學，而對化約主義更清楚的闡述，則要感謝孔德
（Auguste Comte）和法國理性主義者的傳統。

　　科學家引入化約主義者的思考模式，並當成了引導他們的思想
方式。但是這種思想哲學卻和他們在研究上的實際情形不甚相關，
並且，它還為科學家與社會大眾的對話帶來可能的危機。

　　我想人們對事物理解的實際情形是這樣的：人類知識或技術的
各領域都會發展出自身的複雜問題。而化學面對的問題有時要比物
理學上所遭遇的問題更為複雜。人們所謂的理解，大多只是就那個
領域發展出的複雜概念或層次體系來討論問題。如果你想要抨擊這
種思考方式，你可能會說它相當迂迴；但是我不會反對這種思考方
式，我認為這種理解方式是人類最完美的思考模式，它已經把我們
帶往偉大的藝術與科學境界。

　　理解方式有垂直的和水平的兩種。垂直方式是把一種現象化約
成更深奧的事物──此即古典化約主義。水平方式則是在現象本身
涉及的學科範圍內予以分析，進而了解它與其他同等複雜的概念之
間有何關係。

　　且讓我用歸謬法來說明化約主義之無益。想像你收到一封匿名信，信裡有一張寫著四行詩的紙片，那是詩人布雷克（William Blake）的作品〈永恆〉（Eternity）：

> 那硬將歡悅繫於自身的人
> 竟將展翅優游的日子毀滅了
> 而那輕吻歡悅且任其翔翔的人
> 卻活在永恆的旭日初升裡

　　了解詩人寫下詩句時的神經元啟動順序、了解你讀這詩句時的神經元啟動順序，或是了解寄送這封信的人思緒中的神經元發動順序，或甚至了解發動神經元背後的生化作用，其神奇又美妙的複雜性，以及它背後蘊含的物理和化學知識……這些的確是不可思議而且值得探求的問題。這些知識足以讓你得到一大堆諾貝爾獎，我也想要得到這些知識。但是，這些知識卻和了解那首詩、駕駛一部車，或是另想他法活在這個恐怖又美妙的世界裡，毫不相干。我們對於布雷克〈永恆〉的理解，應該是去體會詩中語言的意境，從他作詩、我們讀詩時涉及的心理學層次來探求，而不是追問如何發動人體的神經元。

　　如果你認為人文與科學之間存在著一道牆，那麼，我可以告訴你，即使在化學和物理這兩個十分相近的「精確自然科學」領域裡，仍然有些化學概念無法化約成物理概念。倘若硬要化約它們，也會使許多有趣的部分變得索然無味。

　　我想請精通化學的讀者想想諸如芳香性、酸性和鹼性的觀念，以及官能基或取代基效應的概念。如果有人想更精確的定義這些概

念，就會發現在這些概念架構的邊緣，恐怕會有傾頹之虞。這些觀念既無法數學化，也不能明確的定義，但是對於我們研究的科學，卻有神奇的用處。

化約主義通常是當成心理上的支柱，而不是用來具實描述理解是如何產生的。舉例而言，你或許會認為物理學家很喜歡化約主義哲學，因為他們十分靠近其精髓。可是，靠得更近的或許要算數學家了，所以有人可能認為，物理學家會對數學家有正面的看法。但只要你去問問物理學家，他們對數學家的感覺，通常你會得到一堆負面的回應，諸如：「數學家不切實際，」、「他們不從我們（物理學）這兒獲得靈感，」、「他們不和事實打交道，」顯然，對物理學家而言，與化約主義的關係就僅止於物理學。就化學家而言，他們與經濟學家或生物學家的交談內容，也經常僅止於化學。

更嚴重的是，堅持化約主義哲學是相當危險的事。若是守著化約主義一貫的理解方式，當成唯一的思考模式，會在我們（科學從事者）和從事藝術和人文的朋友之間形成鴻溝。這些從事人文藝術的人非常清楚的知道：在這世上，無論對於事物的「理解」、或面對親人亡故、國內的嗑藥問題、林地濫伐等問題，都不單只有一種處理方式。我們所處的世界很難由化約主義駕馭；如果我們堅持這個世界必然可化約，那麼我們所做的事只不過是把自己放進一個盒子中罷了。那盒子裝著以化約主義理解的有限類別的問題，而它著實是一個小盒子！

第 **5** 章

魚、小蟲和分子

在提出反對化約主義的短篇激論後，讓我回到曼沃德、歐普恆和艾斯納所做的研究。他們不僅確定了蚯蟲油的分子結構，還實際「做出」蚯蟲油。接著，我們的話題將轉到合成化學上，它與分析化學競相成為化學的核心。在此，讓我展示康乃爾研究人員所做的一項生物檢驗，他們用此測試這個合成物是否具有活性。

圖5.1的左上圖顯示一條數日未進食的饑餓大嘴鱸魚。同一張圖裡，還有一隻塗上0.4毫克合成物的小蟲（0.4毫克是極少的量，必須用顯微鏡才能確實看到）。鱸魚正在展示牠的自然反應——掠食（圖5.1，右上）。你可以見到小蟲正在牠的嘴巴裡，然後牠又本能的把那個難吃的試驗品從嘴裡吐出來（圖5.1，左下）。最後，鱸魚判定那隻小蟲並不是牠要的食物（圖5.1，右下）。

這證明了什麼嗎？事實上，生物檢驗法並未證明實驗中的合成物與天然物完全相同。但是，它的確證明了該合成物能夠有效防禦鱸魚掠食；這對長期的知識探索過程，提供了一項有趣而且相當有用的訊息。雖然這項試驗結果並未證實此合成物是否與天然物相

圖5.1　人工合成之豉蟲油的生物檢驗。艾斯納攝。

同，卻增強了研究人員的信心，認定這兩種物質完全相同。這類間接的佐證，並非只是扮演無關緊要的心理角色；因為，搜尋可靠知識的工作其實很艱難，甚至十分枯燥乏味。研究人員需要得到各方面的支持，而不僅只是研究經費。

　　等一會兒我還會繼續對化學合成進行更詳細的討論，現在我先引述另一則生物檢驗故事，這是優秀的有機化學家康佛斯（John Cornforth）告訴我的：

　　美國有一組研究人員正從事雌性美國蟑螂的性吸引劑研究。他們讓暖空氣通過數量龐大的雌蟑螂，然後再流經冷凝瓶。經過進一

步的純化後，他們得到極少量的活性物質，並且根據物理測量，提
出該物質的化學結構（見圖5.2）。

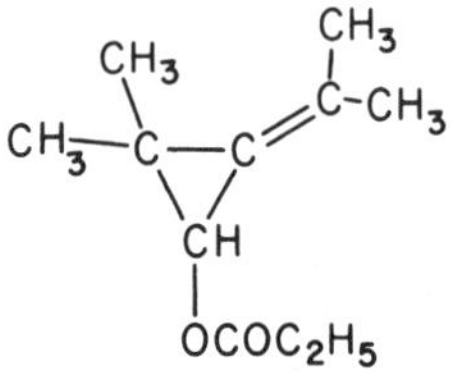

圖5.2　研究人員提出的美國蟑螂性吸引劑的化學結構（但並不正確）。

　　如同現在一樣，當時也有許多化學家非常盼望找個理由，來
合成某種化學物質。對這些化學家而言，發現以上這項化學結構
所造成的效應，是引起了瘋狂的競逐，就像死馬掉進有食人魚的
湖裡一般。

　　現在有一種需要以新式反應進行合成的小分子，它具有最值
得花經費去合成的理由：若能充分供應這種無法從自然界充裕獲
得的物質，應當能夠有效防治害蟲。於是，三年內就有六種合成
方法出現，全都是最具創造性的。其中有兩種是成功的，其他四
種則是接近成功，雖敗猶榮。因此，這個分子就順利且確實的合
成出來了，這樣一來，這種化合物變得很容易獲得。唯一碰上的
暗礁是，研究人員當初提出來的結構是錯的，所以合成出的物質
並沒有活性。

　　有位女士對此下了一番評論，她說：「雖然這種分子無法有效

吸引雄蟑螂，不過無疑吸引了一大群有機化學家……」或許應該用
比較厚道的說法：這項合成最後證明了，原先提出的結構並不正
確！

第**6**章

把他們分辨出來

讓我們把話題轉回到史密斯的小說《孿生兄弟傳》。話說詹姆斯和喬納森兩兄弟可說是心靈迥異,然而他們的內在果真那麼不同嗎?馬克絲竟同時愛上他們倆。在這本書末尾的關鍵時刻,也就是馬克絲與這對孿生兄弟第一次同時見面時,史密斯寫道:

> 他們其中一人跑向馬克絲;另一人也開始跑,並且趕過他。兩個身長頭大的男人,肩膀寬闊、頭髮黑黝,外表簡直一模一樣,你或許會問:「他們真的完全相同嗎?」馬克絲從未見過兩人同時出現,也從未經歷過這種內心深度震撼,如同腹部被猛力一踢。馬克絲想起原始文化中對雙生子的恐懼;那是對雙生子的迷信,一旦有雙生子出世,要把其中一個或兩個都殺掉。然而,究竟要如何分辨雙生子?怎樣在不用他們協助的情況下,分辨出他們?

在無法取得雙生子的合作下,我們究竟要如何分辨他們?化學的基本張力就如同孿生兄弟,存在於同與不同、物種的身分辨識,

和對於本身與非本身的二元性。我們還會探求其他的二元性，正是這些二元性推動了科學的進展。而二元性之所以如此有影響力，該不會因為它觸動了深藏在我們心靈中的事物吧？

第 **7** 章

異構現象

　　且讓我更具體說明化學中有關分子鑑定的問題。由於許多人的創造和努力，我們已經知道，所有物質都是由分子構成的，分子則是由原子構成的。有些物質的組成是單原子（如氦氣和氬氣），有些則由單一種原子，以某種簡單或複雜的方式連接起來（如鐵金屬中的鐵原子、石墨或鑽石中的碳原子）。但是，大多數物質都以分子形態存在，也就是由相互鍵結的原子穩定集結而成。

　　圖7.1是化學上奉為聖物的元素週期表，是由俄國化學家門得列夫提出的。表中大約有九十種天然元素，十五種人造放射性元素*。但如果世上只有這一〇五種物質，該有多乏味！幸好，這美麗世界裡的任一平方公尺，都遠比此豐饒。每件事物，無論是糖、阿斯匹靈、去氧核糖核酸（DNA）、青銅或血紅素，都是由分子組成的，而這些分子具有可再現的色彩、化學性質或毒性；所有這些性質，不只是分子的原子組成完全相同的結果，同時也是這些原子互相連接方式相同的結果。

　　原子間的連接稱為鍵結。哇！原子是真的連結起來，它們可

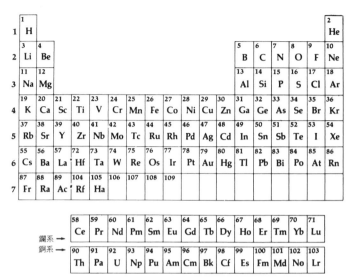

圖7.1　週期表。此表係引用自哈里生（A. J. Harrison）和魏弗（E. S. Weaver）
　　　　所著《化學》（*Chemistry*）一書。

不是隨意配對的，一切都必須遵守遊戲規則。所以，碳原子通常與
四個原子結合，而氫原子只與一個原子鍵結。於是這樣的結合遊戲
就在碳氫之間展開了，在遊戲規則下，不會產生CH（就算有也十
分罕見）而是產生CH_4（甲烷）。因為CH無法滿足碳原子結合的
慾望，因此CH會是極活潑的不穩定分子。這種遊戲規則也允許形
成碳—碳鍵，建構分子的遊戲就此鄭重展開，產生一系列碳氫化合
物，諸如甲烷、乙烷、丙烷等等（見次頁圖7.2）。當碳氫鍵不斷延
伸下去，將形成日常生活中無所不在的聚合物，也就是當代最重要
的塑膠產物——聚乙烯（如圖7.3）。

＊編注：這是1995年時的情況，現在週期表上已有一一八種元素了。

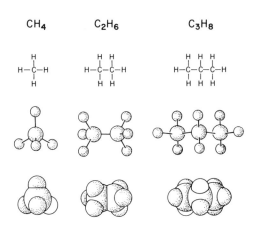

圖7.2   甲烷（CH_4）、乙烷（C_2H_6）、丙烷（C_3H_8）的三種表示法，分別是：化學結構、球—棒模型和空間填充模型。

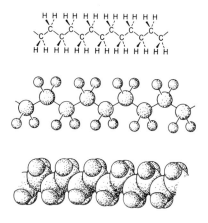

7.3   聚乙烯（$(CH_2)_N$）的三種表示法。

你很快會發現此遊戲規則（每個碳可以形成四個鍵，每個氫僅可形成一個鍵的簡單規則），能容許兩種以上的分子，有相同的組成原子，且所含鍵數及鍵結形式都相同。因此，就C_4H_{10}而言，會有正丁烷和異丁烷兩種異構物（圖7.4）。

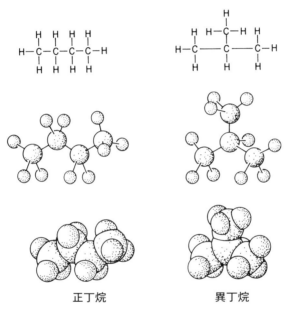

正丁烷　　　　　　　　異丁烷

圖7.4　兩種丁烷異構物的三種表示法。

這兩種丁烷異構物皆為石油成分，也都含有三個碳—碳鍵和十個碳—氫鍵，雖然看來極為相似；但是，當你注意它們的揮發性及燃燒的產熱，便會發現兩者的差異頗大。這就是異構現象（isomerism），闡明這種現象是十九世紀化學史上的一大成就。原子數增加，發生異構現象的可能性也會增加。比如，丁烷有兩種異構物，而含有五個碳的戊烷則有三種異構物（見圖7.5）。

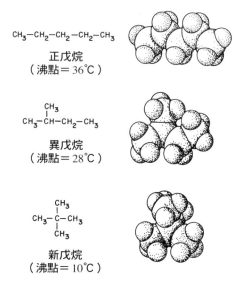

$CH_3-CH_2-CH_2-CH_2-CH_3$
正戊烷
（沸點＝36℃）

$CH_3-CH-CH_2-CH_3$（上方 CH_3）
異戊烷
（沸點＝28℃）

CH_3-C-CH_3（上方 CH_3、下方 CH_3）
新戊烷
（沸點＝10℃）

圖7.5　三種戊烷，沸點各異。

　　次頁表透露的訊息是：烷類（碳氫化合物）的異構物，數目會隨碳的數目增加而激增。但生物體內的分子鮮少像這些烷類這麼小。例如血紅素（稍後會再提到）的化學式為$C_{2954}H_{4516}N_{780}O_{806}S_{12}Fe_4$；想想看，這個天然分子的異構物該有多少啊！

　　不過，在我們咒罵大自然是如此無理的複雜之前，請先緩和情緒，平心靜氣的去體認，像人體這麼精密的東西，正需要高度的複雜性才足以產生多樣化的功能。多樣化才能產生豐富的結果；簡單的事物或許讓我們脆弱的心智感到舒適，但對世上的生命現象來說並不合適。

　　結構上的異構現象，並不是異構現象的唯一形式，還有一種幾

碳氫化合物 C_nH_{2n+2} 之結構異構物的數目

分子式	異構物數目
CH_4	1
C_2H_6	1
C_3H_8	1
C_4H_{10}	2
C_5H_{12}	3
C_6H_{14}	5
C_7H_{16}	9
C_8H_{18}	18
C_9H_{20}	35
$C_{10}H_{22}$	75
$C_{15}H_{32}$	4,347
$C_{20}H_{42}$	366,319
$C_{30}H_{62}$	4,111,846,763
$C_{40}H_{82}$	62,491,178,805,831

何上的異構現象，可以用圖7.6中的兩種乙烯（各有兩個氫由溴取代）為例來說明。請注意，這兩種 $C_2H_2Br_2$ 異構物，原子以相同的方式連接，但是在幾何上彼此互異——其中一種情形是兩個溴原子位於同一側，另一種情形則是溴彼此相對。

在視網膜的錐狀細胞與柱狀細胞中，光的能量會引發視黃醛（retinal）分子轉變成另一種幾何異構物。這種變化基本上和圖7.6

順–1, 2–二溴乙烯　　　　　反–1, 2–二溴乙烯

圖7.6　順式與反式–1, 2–二溴乙烯，互為幾何異構物。

描述的二溴乙烯的情形，並沒有太大的不同。但在引發神經衝動以後，視黃醛又會還原成原來的幾何形式，等待下一個光子的刺激。

　　另一個與順式及反式大有關係的例子是油脂。油脂是長鏈的分子，看起來就像碳鏈中間帶有一個或多個雙鍵的聚乙烯分子，但它的末端有COOH（酸類的官能基）。在長鏈雙鍵處可能出現順式或反式的排列；順式異構物的外觀呈現糾結的形狀，反式異構物則較像直線形。這種幾何上的差異會顯示出生化活性。反式的脂肪酸會增加血液中有害的低密度脂蛋白膽固醇，並降低「有益的」高密度脂蛋白膽固醇的量。這就是為什麼「反式不飽和油脂」以及飽和油脂不利於人體健康的緣故。

　　瞧！我們的身體竟然在意這麼細微的幾何變化。

第 **8** 章

有兩個完全相同的分子嗎？

現在要談的是那些我們已經從學習中得知，而且某些人很喜愛的小東西。

想想看，喝進的一口水中含有難以數計的大量水分子（大約是十的二十四次方個），這些水分子全都相同嗎？

不盡然。我們還必須考慮同位素的問題。同位素是同種元素原子的變化形式，它們的原子核不同（原子核內部的中子數相異，但質子數相同），電子數相同。

氫有三種同位素：一般的氫（一個電子，繞著只有一個質子的原子核移動）；「重氫」或稱「氘」（deuterium，一個電子繞著含有一個質子和一個中子的原子核移動），以及氚（tritium，仍是一個電子，但原子核內有一個質子和兩個中子）。在正式的同位素命名法中，質子和中子加起來的總數，標記在該元素符號的左上方。

$$^1H = H \qquad\qquad ^2H = D \qquad\qquad ^3H = T$$
$$\text{氫} \qquad\qquad\qquad \text{氘} \qquad\qquad\qquad \text{氚}$$

　　原子的質量主要集中在質子與中子，所以這些同位素的重量皆不相同。一個氘原子的重量，約為一個普通氫原子的兩倍（所以氘叫做「重氫」），而氚原子的重量是氫原子的三倍。氚具有放射性，氚核會自動分裂。

　　同位素因質量不同而彼此相異。但它們的化學性質也彼此相異嗎？這可不是愚蠢的問題，它們確實有許多相異之處，就像克林・伊斯威特和伍迪・艾倫這兩位名導演，他們在個性上當然很不同；但是，對於替他們兩人動手術，找出大動脈和心臟位置的外科醫師而言，這兩人可能沒什麼不同。

　　化學並不是由原子核的性質決定的。真要感謝上帝！化學反應中的能量，遠不及引發核反應所需的能量。化學是由原子的電子控制的，例如，血紅素與氧的結合、煤氣爐的點燃，這些每日發生的奇蹟，都是來自原子的外圍，也就是電子漫遊並相互「感應」的地方。環繞原子核的電子數，造就了氫的獨特化學性質，電子數與質子數相符，但與中子數無關。

　　這就是為什麼含有同位素混合物的元素所構成的分子，會是同中有異的絕佳實例。由於分子中同位素變化的差異夠大，我們得以用價值數千美元的質譜儀廉價機型，測知它們的重量，辨識它們的存在。但是同位素的差異並未大到舉足輕重的地步，也就是說它們的化學性質幾乎相同。

　　讓我以水為例，來做具體說明吧。下面列出地球上三種氫同位素，氕、氘、氚和三種天然的氧同位素 ^{16}O、^{17}O、^{18}O 在大自然中的含量：

$$H\ 99.985\% \qquad {}^{16}O\ 99.759\%$$

| D | 0.015% | ^{17}O | 0.037% |
| T | $10^{-20}\%$ | ^{18}O | 0.204% |

　　上面這些數據是從哪來的呢？同位素的比例決定於宇宙生成時最初幾分鐘的核燃燒過程，以及我們的太陽系和地球特有的生成史。這比例與遙遠銀河中其他星系的行星相較，或許稍有不同。地球上同位素含量是既定的，不過各地的含量會有微小的不同。放射性氚的生命週期很短，一開始生成的氚早就不存在地球上（氚的半衰期是十二年）；現在自然界的氚，全是經由宇宙射線撞擊地球而生成的。

　　因此自然生成的水分子不只一種，而是有數種──仔細算來，共有十八種。其中六種如圖8.1所示，還有六種是含氧十七，另外六種則具有氧十八。

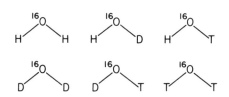

圖8.1　氧同位素質量為十六的六種 H_2O 的同位素異構物。

　　要計算這些同位素異構物的相對含量很容易，這些異構物只不過是成分原子為相異同位素的結果。其中以 $H_2{}^{16}O$ 最為常見，你啜飲的一口水中，它出現的機率是 $H_2{}^{18}O$ 的九十九‧八倍。$T_2{}^{17}O$ 最為

少見，平均來說，它在一口水中或甚至在地球上，可能連一個都找不到。

雖然這些異構物都是天然的水，但是喝純的T_2O卻非常不健康。這倒不是因為它的化學性質，而是由於它具有放射性。不過話說回來，一般水中含有少量帶氚的水分子，早已隨人類共同演化了數百萬年。而且，說不定正由於這種放射性引發的突變，導致隨機變異，把人類的創造力帶到如此繁複的現況。

這世上究竟有沒有兩個完全相同的分子？當然有。一口水所含十的二十四次方個水分子中，就有99.8%完全相同，可算是具有非常高的相同性。

但水是結構很簡單的分子。現在讓我們進入生物體內去看看一種叫做血紅素的蛋白質。它含有許多原子：精確的說，是二千九百五十四個碳，四千五百一十六個氫，七百八十個氮，八百零六個氧，十二個硫和四個鐵。自然界的碳原子存在三種同位素：碳十二（含量最多）、碳十三和碳十四，如同氫和氧的情形一樣。氮有兩種自然生成的同位素，硫有四種，鐵也有四種（每個血紅素中有四個鐵原子，是血紅素的活性必須物）。血紅素同位素異構物的數目，簡直是「天文數字」！（噢！為什麼不乾脆稱它「化學數字」呢？）對這些同位素的組合加以研究後，我們得到的結論是：像這種大分子，縱使在為數眾多的情形下（一滴血中約有十的十七次方個血紅素分子），想要找到同位素情況完全相同的血紅素分子，幾乎不可能！建議我談這個主題的霍普夫（Henning Hopf），稱這情形為「化合物的個性化」（individualization of compounds）。

因此，對於「有兩個完全相同的分子嗎？」這個問題的答案是：「不，對於真正的大分子而言，或許在一隻緬甸貓身上，也找

不到兩個完全相同的分子。」但是，這種情形對化學或生物學有什麼影響嗎？沒有，就化學（以及對人有益或有害上）而言，這些差異僅僅是組成分子的同位素不同罷了，分子的化學性質幾乎完全相同。它們雖然相異，卻未到要緊的程度，這就像打掃我家後院掉落的楓葉，我的目的只不過是要把它們耙在一起，至於每片楓葉的微小差異，並無關緊要。

第 9 章

在黑暗中握手

在分子相異的領域裡，更奧妙的是無法重疊的掌性（chirality，源自「手掌」的希臘文cheiro），或稱旋向性（handedness）。某些分子以相反的鏡像形式存在，它們的關係就像左手相對於右手一般。

由鏡像分子構成的化合物，巨觀性質有很多是相同的，例如，鏡像分子具有完全相同的熔點、顏色等等。但是嚴格來說，它們的某些性質的確不同，例如從人體內的掌性分子與其他掌性分子的交互作用便可看出。因此鏡像異構物（或稱對掌體，這是我們對於掌性分子的左、右旋形式的稱呼）可能有截然不同的生物活性；比如一種分子可能嚐起來是甜的，而它的鏡像形式卻沒有味道。又如嗎啡的鏡像形式在鎮痛效果上遠不及嗎啡。

我們對於對掌性的認識源於1850年，由正值二十六歲的巴斯德首度發現這個性質。這發現早於他研究微生物、發明巴斯德低溫滅菌法及研發狂犬病疫苗之前。巴斯德對旋光性（optical rotation）產生興趣，因而聯想到一個令人好奇的問題：「為什麼兩種理應完

全相同的化合物，實際上並不全然相同？」這為掌性分子的研究，
起了開端。

　　大自然中乍看晦澀繁瑣的細節，正是探索這周遭世界的線索。
就如同十九世紀初巴斯德的一大發現：某些分子擁有使偏振光的偏
振平面偏轉的能力。即使到今天，旋光性仍然令人好奇。事實上，
光是一種波動，是由磁場和電場在時空中的振動而產生的波狀振
動，這波動會發生在所有平面上；但是我們可以從中濾出單一平面
偏振光（plane-polarized light）。它仍然是光，仍具有顏色和強度，
不同的是，構成光的電磁場受限於在單一平面上振動。使一般光線
產生這種特殊光的濾器稱為偏光鏡，某些太陽眼鏡或飛機的機窗就
用到偏光鏡片。美國寶麗來公司（Polaroid Corporation）就因製造
偏光鏡賺了不少錢。

　　科學家已經發現能使偏振光面旋轉的物質了。當你把一道平面
偏振光射向化合物，光在通過化合物晶體後，就會偏到另一個平面
上。法國的科學家發現，互為鏡像的石英晶體會使偏振光面朝相反
的方向旋轉。

　　當時，法國文化中一項重要產業——製酒，也發了一道謎
樣的化學難題。你或許曾看過某些白葡萄酒的軟木塞上，有些細粒
的無色晶體；這些晶體是製酒的產物（在酒桶及發酵槽內的結晶量
更多），是一種酒石酸鹽，這種天然物和許多生物分子一樣，具有
光學活性。可是，從發酵過程的另一階段還分離出一種稱為「消旋
酸」的物質，它具有和酒石酸完全相同的原子組成，但卻無法造成
偏振光面旋轉，也就是說，它不具有光學活性。這又是一個「同中
有異」的例子。

　　巴斯德把消旋酸鹽再結晶，並在顯微鏡下觀察，他注意到這些

晶體呈現兩種非常相似、但是無法重疊的形式。他費心的用鑷子把互為鏡像的結晶體分開。這兩種形式的晶體個別溶解時，它們的溶液會使偏振光面朝相反方向旋轉，一為順時針方向，另一則為逆時針方向。並且，其中一種晶體還與天然生成的酒石酸完全相同！

事實上，消旋酸是由具有光學活性的酒石酸和它的鏡像異構物以一比一比例混合的混合物。這些物質不只在晶體形式上有差別（我們應慶幸這項幸運的發現，因為左掌形式與右掌形式的分子，經常會共同結晶成不分左右掌的混合形式），它們在溶液中也具有光學活性；這表示掌性不只發生在大晶體中，也發生在溶液中的小分子上。

於是，化學史上一個十分戲劇化的重要事件發生了；事情是法國旋光研究的前輩畢歐（Jean Baptiste Biot）對巴斯德的報告感到懷疑，而傳喚他到自己的實驗室，重複操作這項實驗。畢歐根據巴斯德的實驗方法，製備了消旋酸鹽，並請巴斯德在他的監視下，當場在顯微鏡下把兩種晶體分開。畢歐把少量分離出的晶體溶解，親自測量它們的旋光性，印證了巴斯德的實驗。像這種能夠再現的實驗，正是可靠知識的本質。

至於隱藏在光學活性背後的詳細分子特性，則是事隔二十五年後，才由兩位二十開外的年輕化學家凡特何夫（J. H. van't Hoff）及勒貝爾（J. A. Le Bel）提出解釋。他們指稱碳原子具有四面體的結構，意即碳形成的四個鍵，是沿正四面體的四個方向伸展的（見圖9.1）。

這裡請注意化學家用來說明立體結構時使用的標準（或原始的）透視規約：其中，實線位於這張紙面上，虛線則指向平面的後方，楔形棒指向平面前方。

圖9.1　四面體碳原子。

　　現在，讓我們以碳的四面體幾何來思考可能存在的鏡像形式，以及它們是否完全相同的問題。假使你讓一、二或三種不同的取代基環繞一個碳原子（化學合成就是這麼一回事——把分子的一小部分用另一個小分子片段替換），那麼，你得到的化合物，在鏡子兩邊完全相同。可是，如果碳原子接上四個全都相異的取代基，情況就不同了，如圖9.2所示。

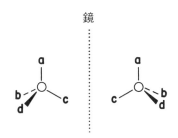

圖9.2　不能相互重疊的鏡像。

　　圖9.2裡，左邊的分子和右邊的並不完全相同。要使你自己相信這個事實的唯一方式，就是讓鏡像互相重疊。如果你把其中一個化合物的a和b與鏡像物的a和b重疊，則c和d會錯過（請參考圖9.3左幅的圖示）。如果你重疊的是a和d，則b和c無法相合（請參考次頁圖9.3右幅的圖示）。

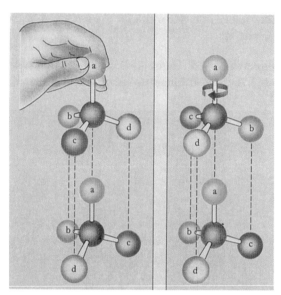

圖9.3　嘗試讓鏡像分子重疊，但顯然無法如願。本圖經許可翻印自
J.D. Joesten 等人，*World of Chemistry*（1991），第363頁。

　　究竟這一切和手有什麼關係？也許你會覺得二者沒什麼相關，
但手的基本描述因子包括拇指、其他四指、手掌和手背，它們扮演
著和a、b、c、d一樣的角色。這些都足以區分對掌體的化學取代
基。當然，就手而言，還有更多細節（比如指紋和生命線），對分
子來說也是如此。但在這裡，不論是手或只含一個碳原子的分子，
用四種標記物來描述組成的相關位置，便已足夠。

　　我們如何才能把鏡像異構分子相互分離呢？像巴斯德那樣揀
選晶體並不能經常奏效。巴斯德還發明一種方法，是把對掌體混
合物拿去餵活的生物，例如細菌通常會利用其中一種鏡像分子，代
謝出另一種鏡像分子。但仍有許多分子是連細菌也不想吃的，該怎

麼辦？安東尼奧尼（Michelangelo Antonioni）導演未拍攝的電影腳本中，就有一段劇情描述了分離鏡像異構物常用的「光學離析法」（optical resolution）：

> 右撇子的你，走進一間堆滿了人體模型組件（左手和右手組件）的漆黑房間。你若是無法把左手和右手組件分開，就會大難臨頭。不過別擔心！你可以馬上開始與這些堆積如山的黏土製模型握手，將握起來覺得很順的放一邊，握起來不順的放另一邊。

在離析法中，我們把具有掌性的試劑，加到由左掌性分子和右掌性分子組成的混合物中，這樣就會形成兩種物理性質不同的化合物，就如同你的右手與左手模型相握的樣子，和你的右手與右手模型相握的樣子不同，而且彼此不互為鏡像異構物。反應後的這兩種化合物是可以分離的，因為它們具有相異的性質。我們先把二者分開，然後再進行反應把化合物敲散，讓試劑與左掌性分子或右掌性分子分離。

可不能小看分辨左右這件事。知名藝術史學家佛福林（Heinrich Wolfflin）曾解釋：為何藝術演講者都曾因為左右放反了幻燈片，而使演講中斷；因為當影像顯示在銀幕上時，我們會本能的指出：「放錯了！」他說，我們不妨想想，為什麼並無明顯錯誤的圖像，如書寫方式左右相反、士兵皆以左手執劍，為什麼這些看來似乎沒有左右之別的圖像，我們還是能察覺有異？

佛福林以歐洲繪畫為題材（例如次頁圖9.4）詳加研究後，剴切的指出：畫家與鑑賞者之間存在一種默契，那就是他們會以根深柢固的心理狀態，及約定俗成的文化觀念，來解讀畫作。

圖9.4　拉斐爾的畫作「修女瑪丹娜」，哪一幅是原作？哪一幅是鏡像呢？

　　左旋和右旋在生物學上確實很重要，因為我們的身體是由分子，而且是具有掌性的分子所構成。我們體內的蛋白質就像前述暗室中的右手，對於鏡像異構物往往有不同的反應。

　　圖9.5顯示的是右旋的（d－）和左旋的（l－）香旱芹酮，它們互為對掌體，圖中顯示立體結構及平面表示法。右旋香旱芹酮可從香菜和蒔蘿籽分離出來，而左旋香旱芹酮可從綠薄荷分離出來。無論是來自天然萃取物或是人工合成物，右旋香旱芹酮與左旋香旱芹酮分別是使香菜和綠薄荷具有特殊香氣的主要成分，所以這兩種對掌體聞起來，就像植物直接散發出的氣味。

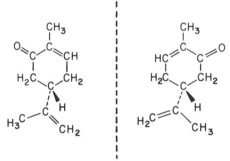

圖9.5　右旋的和左旋的香旱芹酮，以球─棒模型（上圖）與結構式（下圖）
　　　　表示之。照片由哈普（David N. Harpp）提供。

　　這兩種對掌體的味道聞起來不同，告訴我們：人類的嗅覺受器
本身就是掌性分子，就像左手和右手的手套，能區別氣味分子是左
旋或右旋的掌性分子。

　　左旋與右旋香旱芹酮的產品（見圖9.6之左圖），在外觀上也許沒什麼不同。但是對我們的鼻子或是偏振光平面而言，它們卻是互異的。我們把這兩種分子運用在香料、牙膏及口香糖之中。（圖9.6右圖）

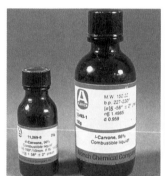

圖9.6　左圖是右旋與左旋香旱芹酮的化學商品包裝，右圖是天然香菜種子及添加香旱芹酮的口香糖。（David N. Harpp 提供）

　　在某一些有藥效的對掌體當中，通常只有其中一種具有治療效果；有些則是兩種對掌體均有療效，但是其中一種在某種情況下會造成毒害，例如在治療風濕性關節炎上廣為使用的 D－青黴胺（D-penicillamine），就是如此。在第27章中，我還會告訴各位另一種對掌性藥物「沙利竇邁」（thalidomide）所釀成的悲劇。

第 **10** 章

分子偽裝

　　分子世界裡充滿了複雜性；隨著這些令人喜悅的複雜變化而來的是分子辨識的問題。例如我們要如何區分A和B、左手和右手呢？或是怎樣才能區別敵友、自我與非我？「利用辨認的技巧，以達到破壞和欺騙的目的」，是許多毒物分子在我們體內的運作方式，也是許多藥物藉以幫助我們的途徑。

　　偽裝有何不可？偽裝對雅各就很管用。在《聖經》〈創世紀〉裡記載，雅各得到母親的默許，用香氣和觸覺來愚弄父親以撒和欺騙哥哥以掃，讓他們誤以為那是來自祖先的祝福；而且還運用另一項欺騙，導致特洛伊古城衰亡（這兩個行動是對是錯，因個人角度不同而異。但兩個事件的對否，對歷史而言卻十分重要，與個人觀感無關）。這裡且舉出四個關於化學欺騙的小故事，其中包括天然物與人工合成分子的例子。

血紅素

血紅素是奇妙的蛋白質，它能把氧氣從肺送至細胞。圖10.1就是不可思議的血紅素分子；我們對它的了解，可能比對其他同樣複雜的分子還來得清楚。血紅素是由四個緊密接合的「次單元」組成的。很特別的一點是，這些次單元在胎兒發育過程中會變化兩次，以此讓胎兒得到最理想的氧氣攝取量。

每個攜氧次單元都是一段捲曲的原子鏈（由胺基酸組成的胜肽鏈），鏈長約為四百四十個原子的長度。這擁有複雜功能的分子傑作所環抱的，是一個小板狀的分子單元——原血紅素（heme），它的中央是一個鐵原子，氧分子就是結合到這個鐵原子上。每個次單元的蛋白質折疊成口袋狀（甚至裝置了分子門），引導氧分子出入，並且幫助氧與鐵原子結合。

演化上修修補補以形成血紅素的過程，顯然是在沒有太多一氧化碳的情況下進行的。直到人類出現，人和機械（尤其是汽車引擎）產生的不完全燃燒，經常造成局部環境的一氧化碳濃度偏高。一氧化碳於是進入血紅素的口袋，巧妙的奪取血紅素和氧分子結合的機會，並且以高於氧分子數百倍的結合能力，與原血紅素上的鐵結合。於是，血紅素分子遭一氧化碳耗盡，無法勝任攜氧功能，細胞因而開始缺氧。

從這個例子我們學到：與結合力強過「原先設定分子」的物質結合，非常可能會致命。但把這種情形稱為「欺騙」，是稍嫌過度擬人化了，畢竟一氧化碳本身並沒有意志。分子只不過是執行本能而已，在化學上，一氧化碳的結合能力本來就比氧氣要好。儘管如此，這仍是有關相同與相異的故事：由於一氧化碳分子較小，加上

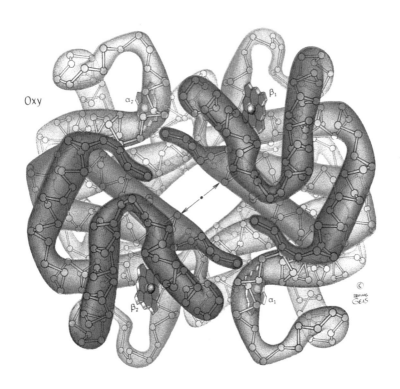

圖 10.1　攜氧狀態的血紅素（Irving Geis 繪）。

它與氧分子的相似性，使它得以進入血紅素蛋白質口袋。

在第35章我會談到，人們怎樣設計觸媒（catalyst，工業催化劑），來減少內燃機釋放的一氧化碳。

乙二醇

　　競爭性結合可以救命，也可能致命。例如：乙二醇是有效的抗凍劑，它偶爾會因意外（或蓄意的）被攝食。乙二醇本身無毒，但它會在我們體內經過一系列酵素作用，轉化成草酸（草酸也存在於未處理過的大黃葉片裡），而草酸會傷害腎臟。

　　在誤飲抗凍劑者的體內，第一個與乙二醇作用的酵素是「醇去氫酶」（alcohol dehydrogenase）。酵素是小型的化學工廠，它是蛋白質，能有效催化某些化學反應。但是酵素的命名卻很平淡無味，完全視它們達成的工作而定名；因此醇去氫酶正如它的名字所示，是用於把醇類分子（乙二醇就是其中一種）脫去氫原子。常見的酒精（乙醇）也是醇類。

　　治療乙二醇中毒的方法，是對中毒者施用幾乎足以使他醉倒的乙醇劑量。乙醇能有效與乙二醇競爭醇去氫酶的懷抱，以此阻礙乙二醇轉化，而讓未經轉化的乙二醇排出人體。乙二醇和乙醇這兩種分子的結構，如圖10.2所示。

$$H_2C - OH \qquad\qquad H_2C - OH$$
$$|\qquad\qquad\qquad\qquad\quad |$$
$$H_2C - OH \qquad\qquad H_2C - H$$

圖10.2　乙二醇（圖左）和乙醇（圖右）。

　　乙二醇和乙醇實在是很相似。實際上，它們的化學功能要比形狀來得更近似，兩種分子都是醇，也就是都含有OH基。這樣的OH原子組有它們特有的性質，例如顏色及反應活性。你或許還

聽過其他「官能基」，如有機酸（COOH）、醛（HCO）、氰化物（CN）、醚（ROR，R是有機基團）。這些分子的官能基就像茶壺上形狀不同的把手，讓試管中瘋狂碰撞的分子得以找到它們所需的識別特徵。

化學療法

化學療法是用合成的化學藥品來治療疾病。這方法始於1909年，艾利希（Paul Ehrlich）發現灑爾佛散（Salvarsan）可用於治療梅毒，灑爾佛散即砷凡納明（arsphenamine）。德國染料工業的偉大發展，培育了一群優秀的化學家，他們製造數以百計的新化合物，而生物學家、藥劑師和醫師把這些可能有效的藥物，做有系統的動物與人體測試。藉由各領域科學家的通力合作，促成了早年在治療原蟲病與熱帶疾病的一連串成功實例。但是，僅僅半世紀之後，就因為未能持續履行生物試驗，而導致沙利竇邁災難事件。

儘管有這些早期成功實例，但是直到1930年代中期，磺胺類藥物製造出來後，才算真正出現有效的抗細菌劑。第一個成為磺胺類藥物的分子，是德國法本公司（IG Farbenindustrie）合成出來的。第一種磺胺劑「對胺苯磺醯胺」（p-aminobenzenesulfonamide）在1908年製造出來；當時已有某些現象顯示，這種磺胺類染劑具有殺菌功效，但直到1932年至1935年，才有人對此從事研究。這個人就是法本公司實驗病理學與細菌學研究部主任多馬克（Gerhard Domagk），他對「對胺苯磺醯胺」的生物活性進行了仔細的研究，並且借助法本公司的化學家，合成出大量相關的化合物。

很快的，人們就知道磺胺類藥物在對抗多種鏈球菌感染上具

有療效（多馬克的女兒就是第一位接受治療的病患）。因而，多馬克在1935年發表的論文〈化學療法在治療細菌感染上的貢獻〉（A Contribution to the Chemotherapy of Bacterial Infections）不僅成為經典論作，而且以嚴格的實驗與統計標準對藥劑加以測量，更堪稱是「以近乎吹毛求疵的研究方式對新穎治療劑進行評估的傑作」。有了磺胺類藥物，罹患腦膜炎、某些肺炎和產褥熱病患的存活機會，戲劇性提高了。在《最稚齡的科學》一書中，作者湯瑪斯（Louis Thomas）生動的敘述了它的重大影響：

時值1937年，波士頓市立醫院內大多數罹患傳染性疾病的病患，除了臥床休息和良好的護理之外，無藥可醫。

後來，傳來關於對胺苯磺醯胺的爆炸性消息，醫藥上真正的革命於焉展開。

我記得在1937年的波士頓，第一個因肺炎球菌與鏈球菌感染的敗血症病例獲得成功治療時，是多麼令人驚異的事！那種景象簡直叫人無法置信——眼前若不治療必死無疑的病人，投藥才不到數小時，病況就有明顯改善，並且到了第二天便感覺完全恢復了。

我想，受到這種不尋常事件影響最深的，要算是我們這些實習醫生了。資深的醫師也同感驚訝，但他們很容易就接受了這項消息。然而，對實習醫生而言，這簡直像打開了全新的世界。尤其在我們接受了完整的專業教育，就要投入執業的那一刻，驀然感覺，以往所學的專業知識已經改變！我們得知工業界正在生產對胺苯磺醯胺分子的其他衍生物，也聽說青黴素（盤尼西林）和其他抗生素治病的可能性；於是就在一夕之間，我們確信：對未來而言，沒有什麼事是做不到的。

　　（再提一件多馬克的事蹟，我就會停住不再多說，因為納粹政權的壓迫，他被迫婉拒1939年的諾貝爾生理醫學獎。）

　　磺胺類藥物是如何作用的呢？它是藉由分子偽裝的方式。話說葉酸或葉酸鹽是我們體內不可缺的細胞成分，也是合成更複雜分子的中途站。人類必須從日常飲食攝取葉酸（維生素B群），但大多數的細菌能自行合成自身所需的葉酸。因為細菌有一種酵素，可利用對胺苯甲酸（圖10.3左圖）來合成葉酸。由於對胺苯磺醯胺和對胺苯甲酸非常相似，相似到足以愚弄細菌中的葉酸合成酵素，所以能抑制細菌的生長。對胺苯磺醯胺示於圖10.3右圖；其他以此分子為主幹的磺胺類藥物，也和對胺苯磺醯胺十分相像。

圖10.3　對胺苯甲酸（圖左）和對胺苯磺醯胺（圖右）。

　　這個從磺胺類藥物中意外發現的分子欺騙行徑，如今已成為藥物設計上的策略之一。它的精髓在於：這種分子的欺騙或抑制行為，是發生在病原體（而非寄主）的特定生物化學機轉上。

　　磺胺類藥物是人類發現的第一種抗生素，甚至比青黴素還早。不過，這種先後次序極有可能完全相反，怎麼說呢？且讓我引用一段波斯納（Erich Posner）的話：

　　十分諷刺的，就在磺胺類藥物發現的當時，含有更強力抗菌劑「青黴素」的洋菜培養皿，被遺忘在倫敦聖瑪利醫院裡。而且它的所有人佛來明（Alexander Fleming）還對偶氮磺胺（prontosil）和磺醯胺衍生物懷有高度興趣。雖然他在 1928 年，就已首度發現青黴素的抗葡萄球菌作用；但是，在他 1938 年至 1940 年出版的許多有關抗細菌和防腐處理的論文中，卻從未提到過青黴素……

　　多馬克很幸運的有充分的化學知識之助；然而，佛來明卻因缺乏化學背景，以致歷經十一年而未能對青黴素做進一步的探究。

美洲箭毒

　　在神經與橫紋肌交接處，有一個接合的裂縫，信號傳遞要藉由小分子來完成。這些小分子輕鬆的經由擴散，通過神經與肌肉細胞間的縫隙。這些分子中最著名的就是乙醯膽鹼（acetylcholine），分子結構請見圖 10.4。

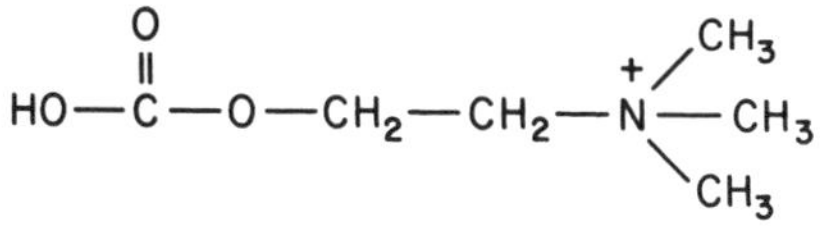

圖 10.4　乙醯膽鹼，一種神經傳導物質。

　　肌肉的細胞膜上有乙醯膽鹼的「受體」（receptor）。這些受體很複雜，但比起細胞膜上蛋白質複合體或通道的神祕難解，這受體要算是簡單的了。乙醯膽鹼若與受體結合，會引起肌肉迅速收縮。

　　美洲箭毒（curare）是新大陸上令人敬畏的植物調製物，傳統

圖10.5　委內瑞拉雅馬遜河地區的亞諾瑪摩印地安人調製的美洲箭毒。
（Robert W. Mdden 提供）

上是南美印地安人用來塗在箭端上的毒物（圖10.5）。

　　美洲箭毒的活性成分之一是右旋的筒箭毒鹼（tubo-curarine），
分子結構示於次頁圖10.6。

　　這種箭毒成分的作用方式，是和乙醯膽鹼競爭受體的位置。一
旦箭毒成分和乙醯膽鹼的受體結合，就會阻斷神經訊息傳遞，導致
肌肉無法收縮。神經信號無效，肌肉就會完全麻痺。

　　外科手術中偶爾會使用右旋筒箭毒鹼為肌肉鬆弛劑。一劑只含
二十到三十毫克的藥量，就可以使肌肉持續大約三十分鐘的麻痺現
象。使用者必須小心提供人工呼吸設備，因為受麻醉者就如同遭南
美印地安人捕獲的獵物一樣，進行呼吸作用的肌肉也被箭毒麻痺了。

　　為什麼右旋筒箭毒鹼能那麼有效的與乙醯膽鹼受體結合？從
這種毒物的結構中，我們隱約見到一點暗示：在環上出現兩處帶有

圖10.6　右旋筒箭毒鹼的分子結構。

　　正電荷的氮，這兩個氮都連接兩個甲基（CH_3）和另外一個環上的碳。這種「三烷基銨」（trialkylammonium）的結構，在生化的世界裡並不常見，但它竟然出現在乙醯膽鹼的結構一端。

　　〈創世紀〉中，雅各穿著哥哥以掃的長袍，把羊皮戴在雙手和頸上，使他看起來像哥哥一樣多毛。雖然父親以撒既不笨也並非沒有知覺，但是雅各藉著以掃身上的觸感和氣味，就足以讓以撒受騙。

　　右旋筒箭毒鹼的某一部分和乙醯膽鹼的一部分看起來很像。而我用來判斷「看起來很像」的方式很簡單，就是認出分子結構中一個分子基團。其實，分子有多種表示方式（因而有多種辨認方式），我們可以僅僅在原子符號之間劃連線來表示分子，或設法畫出三維的分子形狀，還可以用該分子的原子體積來展現分子的空間填充模型（見第52頁圖7.2）。我們也可以估算分子所發出的電場，或是用另一分子來「撞擊」這個分子。

　　事實上，區別或辨識另一者的方法有許多種。因此，以撒、你我或分子，不愁沒有方法來判別「另一者」究竟是相同，還是不同。

第二部

化學的
表達方式

第 **11** 章

化學論文

　　科學家對於研究結果的表達方式，有相當矛盾的情結。一方面，他們假設語言是無關緊要的（大家想必都知道，科學論文除了報告事實之外，沒有別的）。單是藉著簡潔明晰的數學公式和化學結構，就足以讓研究結果在全球各地清楚展現。

　　但話說回來，語言（不論是說的或寫的）就是我們擁有的一切。我們必須藉著說和寫讓世界上的人相信，我們憑著這麼多努力和創造力獲得的知識確實可信——說不定比同領域中所有同行獲得的知識更優越。然而，檢視化學發現或創造的傳述過程，卻透露出某些隱藏在分子科學底下的嚴重不安情緒。

　　當你翻閱當代的化學期刊，例如德文的《應用化學》（*Angewandte Chemie*）或《美國化學會誌》（*JACS*），你看到了什麼？關於新發現的報導真是豐碩無比，昨天還做不出來或意想不到的奇妙分子，今天就做出來了，並且還很容易重複製造呢。化學家能從這些期刊裡讀到高溫超導體、有機鐵磁體、超臨界溶劑等的不可思議性質；此外，新的測量技術很快就冠上了英文縮寫名（例如：EXAFS,

INEPT, COCONOESY），這些技術使你能更快解出你製造的化合物結構。至於這些論文是用德文或英文撰寫的都無所謂，這就是化學——一門能共通互享、令人興奮，而且生氣蓬勃的學問！

現在讓我們用另一種眼光來看這件事。要是有一位人文學者，他且是深受莎士比亞、普希金、喬哀思及賽稜（Paul Celan）的文采薰陶、具有領悟力又聰明的觀察家，如果這樣的人來看科學期刊，會有什麼看法？

我心目中就有這麼一人，她對「寫些什麼？」、「如何寫？」和「為什麼要寫？」這類問題很感興趣。這位我認識的觀察家，十分留心觀察化學期刊裡篇幅長度為一至十頁的短篇論文，她注意到這些論文附有大量參考文獻；雖說這對研究文學的學者而言並不陌生，但是引用文獻的頻率卻遠比人文教科書頻繁。她見到論文中插圖占了大部分，而且經常是缺乏完整原子標示，只有符號古怪的分子圖形。化學家的表示法雖然有大部分是三維空間的圖像，但並不是完全精準的投影，也不是真正的目視描圖。

那位好奇的觀察家朋友閱讀了論文內容，她或許略去了專業術語，或許有化學家朋友幫助她深入文章內容。總之，她注意到一種慣用的寫作形式：這些論文的頭一句話通常是「某型分子的結構、鍵結和光譜，是我們深感興趣的主題」，並且經常使用第三人稱和被動語氣。她發現論文裡很少凸顯個人動機，而且也很少述及研究史。所見多是以冷淡的口吻，來宣稱這項成就和主張的優先權應歸作者所有，像「一種新的代謝物」、「第一次合成」、「一項普適的策略」、「不含參數的計算方式」等等。在她研究過許多科學論文後，發現如此死心塌地的相似性，竟然發生在一個充滿新事物的領域裡！不僅如此，她也觀察到，從某些論文中很容易就能點出一般

論文的風格，那就是文章中都以獨特、連貫並且非常科學的寫作和繪圖方式，來表現化學的宇宙。

　　現在，我不想躲在這位觀察者背後了，我要親自檢視化學論文使用的語言，證明論文中蘊含的事物比讀者第一次讀它時所能想像到的還多；科學論文一直是在以下兩者間做思維判斷：一、化學家應如何利用詞性和規範，表達他的猜想。二、他們必須怎麼說，才能讓別人確信他的主張或成就。這種掙扎使本應是最純真無邪的論文，平添了許多壓抑下的不安。而顯露這種不安，絕非軟弱或沒有理性的表現，而是對科學創造活動中，人性底蘊的認知（我將會證明此論點）。

圖11.1　本書作者年輕時在康乃爾大學物理科學圖書館中閱讀化學期刊。

第 **12** 章

文體的起源

　　早在化學期刊出現之前就有化學了。當時，化學上的新發現都記述在書本、小冊子或單張大報上，或是在寫給科學學會祕書的信函中。這些學會在科學知識傳播上扮演極重要的角色，例如英國皇室在1662年特許成立的倫敦皇家學會，或1666年在巴黎創建的法國科學院。並且，這些學會發表的期刊，有助於精密測量和數學化兩者的特殊結合。而這種結合使得當時的新式科學得以順利成形。

　　那個時期的科學論文，通常是以第一人稱的寫作形式呈現動機、方法和歷史背景，文中充滿辯證。到了十七世紀，在法國和英國，沙賓（Shapin）、狄爾（Dear）和霍姆茲（Holmes）才提出應建立科學論文文體的強力主張。而我認為，化學論文形式的真正落實，是在1830和1840年代期間的德國。當時，一群德國的現代化學奠基者，像李比希（Justus von Liebig）等人，和自然學派哲學家之間，發生一段形成時期的抗爭。

　　在那段特殊的時期裡，自然學派以歌德的信徒為代表，但其實類似的自然學派學理，早在十八世紀歐洲的其他地方就已出現了。

自然學派哲學家對於大自然如何運作，有自成一套的概念和圓融廣被的理論，但是他們卻不屑弄髒自己的手，親自去發現大自然究竟是什麼。或者說，他們試圖使大自然符合他們獨特的哲學或詩韻架構，卻無視於我們的感官和儀器量測在傳達什麼。

因此，十九世紀的科學論文開始抨擊自然學派哲學家造成的不良影響，他們主張理想的科學研究報告必須與事實相符；而事實又必須能由不同人重複做出，方為可信。還有，文中必須採取非感情的（所以使用第三人稱）寫法，和不預設結構或因果的方式來陳述（因此採用被動語氣）。

採取這種報導體做為論文文體典範的成效卓著；論文從此變得著重實驗事實，並且強調事實的再現性。簡潔的德文似乎正符合這種典範的發展，化學界的中堅份子都接受了這方面的訓練。影響所及，連工業也蒙受這組織化的新式化學之恩，英德兩國染料工業的發展正是明證。

這個時期的科學論文文體，如教規或儀式般的受到奉行。次頁的圖12.1是這個時期一篇典型論文中的部分。請注意它具有現代論文的大部分特色——參考文獻、實驗、討論和圖表。唯獨缺少的是，感謝德國研究協會或美國國家科學基金會之類的謝辭。

透過第89頁圖12.2這篇當代論文，我們逐漸接近了目前的論文形式。這篇文體嚴謹的稿件是由歐普澤（Wolfgang Oppolzer）和瑞狄諾夫（Rumen Radinov）提出的重要論文，文中報告的是麝香酮（muscone）的兩種鏡像異構物中非常特別的一種。通常麝香酮是由雄性麝香鹿身上獲得，為稀有且珍貴的香料成分。雖然這項研究十分新穎，但我們還是把焦點放在它的傳述方式上。

圖12.2這篇論文和一百年前發表的論文有何不同？它用的語

1176

211. Fr. Goldmann: Ueber Derivate des Anthranols.

(Vorgetragen vom Hrn. Professor Liebermann.)

In einer früheren Mittheilung[1]) habe ich über die Einwirkung von Brom auf Anthranol berichtet und ein dabei entstehendes Dibrom-substitutionsproduct als analog dem Anthrachinondichlorid von Thörner und Zincke bezeichnet. Die Bildung des Anthrachinondichlorides war hiernach bei der Einwirkung von Chlor auf Anthranol zu erwarten.

$$\text{Anthrachinondichlorid, Dichloranthron, } C_6H_4{\textstyle\genfrac{}{}{0pt}{}{CO}{CCl_2}}C_6H_4$$

In eine kalte concentrirte Lösung von Anthranol in Chloroform wurde während etwa 20 Minuten trockenes Chlorgas geleitet, wobei die Lösung auf Zimmertemperatur erhalten wurde. Nach beendeter Reaction, bei der reichliche Chlorwasserstoffentwicklung stattfand, wurde das Chloroform auf dem Wasserbade verjagt, der Rückstand mit heissem Ligroïn ausgezogen und in Lösung gegangene Product aus einer heissen Mischung von Benzol und Ligroïn umkrystallisirt.

Die Substanz wird in Form von wasserklaren dünnen Prismen erhalten. Dieselben schmelzen bei 132–134°.

Die Verbindung ist in Benzol, Schwefelkohlenstoff, Chloroform sehr leicht, in kaltem Ligroïn oder Aether ziemlich schwer löslich. Aus der Schwefelkohlenstofflösung erhält man die Substanz beim Verdunsten in schönen wasserklaren Krystallen.

	Gefunden		Ber. für $C_{14}H_8OCl_2$
C	64.62	—	64.12 pCt.
H	3.25	—	3.05 »
Cl	—	26.96	26.72 »

Durch Kochen mit Eisessig oder Alkohol wird die Verbindung vollständig in Anthrachinon übergeführt. Die Chloratome müssen daher in der Mittelkohlenstoffgruppe sich befinden. Die Verbindung ist hiernach mit ihren Eigenschaften mit dem Anthrachinondichlorid, welches Thörner und Zincke[2]) bei der Einwirkung von Chlor auf o-Tolylphenylketon erhielten, indentisch.

[1]) Diese Berichte XX, 2436.
[2]) Diese Berichte X, 1480.

1177

Aus dem Anthranol entsteht sie nach der Gleichung:

$$C_6H_4{\textstyle\genfrac{}{}{0pt}{}{C(OH)}{\genfrac{}{}{0pt}{}{|}{CH}}}C_6H_4 + 2Cl_2 = C_6H_4{\textstyle\genfrac{}{}{0pt}{}{CO}{CCl_2}}C_6H_4 + 2HCl.$$

Hr. Privatdozent Dr. A. Fock hatte die Güte, mir über die Krystallform des aus Schwefelkohlenstoff auskrystallisirten Anthrachinondichlorides Folgendes mitzutheilen:

Die Krystalle sind monosymmetrisch:

$$a : b : c = 0.7973 : 1 : 0.6262.$$
$$\beta = 72°\ 48'.$$

Beobachtete Formen:

$$m = \infty\ P\ (110),\ c = o\ P\ (001),\ p = -\ P\ (111).$$

Die Krystalle bilden schwach gelblich gefärbte dünne Prismen, die Basis tritt nur an einzelnen Individuen und zwar ganz untergeordnet auf.

	Beob.	Berechnet
$m : m = 110 : 110 =$	74° 36'	—
$m : c = 110 : 001 =$	76° 24'	—
$p : c = 111 : 001 =$	37° 10'	—
$p : p = 111 : 111 =$	45° 30'	45° 2'
$p : m = 111 : 110 =$	38° 38'	3×° 30'
$p : m = 111 : \bar{1}10 =$		71° 25'

Spaltbarkeit nicht beobachtet.

Auch das analoge Anthrachinondibromid hat Hr. Dr. Fock zu messen die Güte gehabt, wobei er folgende Resultate erhielt:

Die Krystalle sind monosymmetrisch:

$$a : b : c = 1.5009 : 1 : 1.4708.$$
$$\beta = 70°\ 43'.$$

Beobachtete Formen:

$$c = o\ P\ (001),\ o = +\ P\ (111),$$
$$q = {\textstyle\frac{1}{2}}\ P \times (012),\ w = -\ 2\ P\ 2\ (\bar{1}21).$$

Schwach gelblich gefärbte Krystalle von 1—4 mm Grösse und recht verschiedenartiger Ausbildung. Meistens herrschen die Flächen der vorderen Pyramide p und der Basis vor, während die übrigen nur ganz untergeordnet ausgebildet sind. Bisweilen sind die Flächen der Pyramide w grösser ausgebildet und zwar theilweise nur einseitig, so dass die Krystalle eine ganz verzerrte Ausbildung erhalten.

圖12.1　由古德曼（J. F. R. Goldman）所寫的論文，出自《德國化學會誌》（*Berichte der Deutschen Chemischen*）。

文由於地緣政治的緣故，已經從德文轉變成英文。但就我看來，這篇論文無論在語氣或架構上，似乎都沒有太大的改變。噢！多麼奇妙，全新的事物仍然用同樣的語氣和架構來報導。然而原先要花上一生的光陰才能達成的測量，如今在一毫秒內就能辦到；一個世紀以前還不能想像的分子，突然間可以輕易的合成，還在瞬間向我們顯示它們的分子構造。如今，每件研究成果都以更精美的繪圖和電

J. Am. Chem. Soc. 1993, 115, 1593–1594

1593

Scheme I

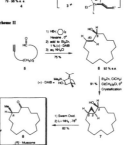

Synthesis of (R)-(−)-Muscone by an Asymmetrically Catalyzed Macrocyclization of an ω-Alkynal

Wolfgang Oppolzer* and Rumen N. Radinov

Département de Chimie Organique, Université de Genève
CH-1211 Genève 4, Switzerland

Received December 7, 1992

Recently, we reported a catalytic enantio-controlled approach to secondary (E)-allyl alcohols **4** (Scheme I).[1] Monohydroboration of alkynes **1** and "transmetalation" of the resulting (E)-(1-alkenyl)dicyclohexylboranes with diethylzinc conveniently provides (1-alkenyl)ethylzinc reagents **2**. Nonisolated reagents **2** undergo exclusively *v*-face selective 1-alkenyl transfer to various aldehydes in the presence of 1 mol % of (−)-3-*exo*-(dimethylamino)isoborneol (DAIB).[2] This catalyst-directed 1-alkenyl/aldehyde addition is consistent with transition state **3'**, where the zinc–aminoalkoxide chelate coordinates two bonds the aldehyde and the alkenylzinc reagent.[2] Were these two reactive units to be linked by a chain, one could expect a smooth macrocyclization to occur.

Hence, optically pure, macrocyclic (E)-allyl alcohols should be readily available from ω-alkynals in a single operation. This, however, requires that the dicyclohexylborane and the diethylzinc should react faster with the acetylene and the alkenylborane functionalities, respectively, relative to their reaction with the aldehyde group.

We report here that this idea is feasible and applicable to the synthesis of enantiomerically pure (R)-muscone (**8**, Scheme II). This rare and valuable perfumery ingredient has been isolated from the male musk deer *Moschus moschiferus*,[3] and many syntheses of the racemate as well as of the natural antipode have appeared in the literature.[4]

ω-Alkynal **5**,[5] easily prepared by Swern oxidation[6] of 14-pentadecyn-1-ol[7] (95%), was added to a solution of freshly prepared dicyclohexylborane in hexane at 0 °C. After the reaction mixture was stirred at 0 °C for 2 h and diluted with hexane, the resulting 0.05 M solution of alkenylborane was added over 4 h to a 0.05 M solution of diethylzinc (1.5 mol equiv) in hexane containing (1S)-(+)-DAIB (0.01 mol equiv). Aqueous workup furnished the cyclic (S)-C₁₅-allyl alcohol **6**[5] in 75% yield and in 92% ee.[8] To transfer the chirality from C(1) to C(3) we envisaged a hydroxy-directed cyclopropananation[9] using the Denmark protocol.[10] Indeed, slow addition of alcohol **6** to a mixture of Et₂Zn (2 mol equiv) and ClCH₂I (4 mol equiv) in 1,2-dichloroethane at 0 °C,

Scheme II

(1) Oppolzer, W.; Radinov, R. N. *Helv. Chim. Acta* **1992**, 75, 170.
(2) Reviews on asymmetric additions of organozinc reagents to aldehydes: Noyori, R.; Kitamura, M. *Angew. Chem.* **1991**, 103, 34; *Angew. Chem., Int. Ed. Engl.* **1991**, 30, 49. Soai, K.; Niwa, S. *Chem. Rev.* **1992**, 92, 833.
(3) Isolation: Walbaum, H. *J. Prakt. Chem.* **II 1906**, 73, 488. Structure: Ruzicka, L. *Helv. Chim. Acta* **1926**, 9, 715, 1008. Ställberg-Stenhagen, S. *Ark. Kemi* **1951**, 3, 517. Olfactive comparison of (R)- and (S)-muscone: Pickenhagen, W. *Flavor Chemistry, Trends and Developments*; ACS Symposium Series 388; American Chemical Society: Washington, DC, 1989; p 151.
(4) Syntheses of (R)-muscone: (a) Branca, Q.; Fischli, A. *Helv. Chim. Acta* **1977**, 60, 925. (b) Abad, A.; Arno, M.; Pardo, A.; Pedro, J. R.; Seoane, E. *Chem. Ind. (London)* **1985**, 29; (c) Nelson, K. A.; Mash, E. A. *J. Org. Chem.* **1986**, 51, 2721. (d) Terunuma, D.; Motegi, M.; Tsuda, M.; Sawada, T.; Nozawa, H.; Nohira, H. *J. Org. Chem.* **1987**, 52, 1630. (e) Porter, N. A.; Lacher, B.; Chang, V. H.-T.; Magnin, D. R. *J. Am. Chem. Soc.* **1989**, 111, 8309. (f) Xie, Z.-F.; Sakai, K. *J. Org. Chem.* **1990**, 55, 820. (g) Tanaka, K.; Ushio, H.; Kawabata, Y.; Suzuki, H. *J. Chem. Soc., Perkin Trans. 1* **1991**, 1445. (h) Ogawa, Y.; Fang, C.-L.; Suemune, H.; Sakai, K. *J. Chem. Soc., Chem. Commun.* **1991**, 1438. (i) Dowd, P.; Choi, S.-C. *Tetrahedron* **1992**, 48, 4773.

(5) All new compounds were characterized by IR, ¹H NMR, ¹³C NMR, and mass spectra.
(6) Mancuso, A. J.; Huang, S.-L.; Swern, D. *J. Org. Chem.* **1978**, 43, 2480.
(7) Prepared by alkylation of bilithiated propargyl alcohol with 1-bromododecane (98%) and base-induced alkyne isomerization of resulting 2-pentadecyn-1-ol (93%): Utimoto, K.; Tanaka, M.; Kitai, M.; Nozaki, H. *Tetrahedron Lett.* **1978**, 2301. Abrams, S. R. *Can. J. Chem.* **1984**, 62, 1333.
(8) Enantiomeric excess (ee) determined by ¹⁹F NMR of the (1S)-α-methoxy-α-(trifluoromethyl) phenylacetate: Dale, J. A.; Dull, D. L.; Mosher, H. S. *J. Org. Chem.* **1969**, 34, 2543. Absolute configuration of **6** assigned in analogy to the topicity of bimolecular 1-alkenylzinc/aldehyde additions¹ and confirmed by the conversion of **6** into (R)-muscone.
(9) Simmons-Smith reaction of (E)-cyclooctene-3-ol: DePuy, C. H.; Marshall, J. L. *J. Org. Chem.* **1968**, 33, 3326. Diastereoselective cyclopropanations of cyclic (Z)-allyl alcohols: Poulter, C. D.; Friedrich, E. C.; Winstein, S. *J. Am. Chem. Soc.* **1969**, 91, 6892; **1970**, 92, 4274. NOESY correlation indicates a conformation of **6** with a synperiplanar C(1)H/C(3)H orientation.
(10) Denmark, S. E.; Edwards, J. P. *J. Org. Chem.* **1991**, 56, 6974.

(R)-Muscone

圖12.2　由歐普澤和瑞狄諾夫提出的論文。取自《美國化學會誌》第115
期：1593頁（1993 年發表）。

腦排版展現，在顯然較為光鮮的期刊裡進行交流（雖然可能是印在
質地較差的紙上）。但基本上這些化學論文仍保留著相同的形式。
你說這樣是好呢，還是壞呢？

　　嗯，我想有好有壞吧。過去兩世紀或更長久以來，傳遞與交換知識的期刊系統一直運作得極為良好，但若以它目前如教規般的形式看來，的確潛藏著真正的危機。這些科學論文要報導的是真正的事實，但它們卻並不真實，因為它們隱蔽了化學創造與發現過程中的人性。且讓我試著分析科學論文的讀寫過程中，「真正」在運作的是什麼——在這之間運作的，可是比單純的事實交流與傳遞還來得多呢！

第**13**章

表象之下

　　表面上，科學論文是在傳播事實；它也許是以冷靜且理性的態度，對一些具有替代性的機制或理論進行討論，並在其間提出多少能令人信服的抉擇；科學論文也許是示範新的測量技術，或證明新理論。重點是，這些論文是能夠有效實行的。即使在日本岡崎或西伯利亞克拉斯諾亞爾斯克（Krasnoyarsk）的研究人員，只要具有初級俄文或英文能力，就能依照俄文或英文的化學期刊上詳細敘述的實驗步驟，重現結果。對我而言，這種有潛力或真有再現性的堅實基礎，正是科學知識確實可信的終極證明。

　　但從許多方面來看，科學論文裡包含的比眼睛所見的還多。接著，就來談談我看到的內涵。在我接下來提的主題中，有多項觀點在洛克（David Locke）著的《以撰寫表現的科學》（*Science as Writing*）一書裡，也有更深入的敘述和分析。

　　化學論文是文學的，也是藝術的創作。我這麼說，你或許會認為太誇張，但請聽我說完。什麼是藝術？對許多人而言，許多事物都是藝術。藝術不僅唯美，還能產生情感反應。我且試著為這項能

提升人類生活的活動，下一個有些難懂的定義：藝術是人類對於大自然某種本質的追尋，或是對某種情感的追求。因為藝術是人類構築的，它是人性的，並且顯然是非天然的。藝術是熱情、專注與和諧的。

　　然而科學期刊上刊載的，並非真正如實陳述發生的事；它也不是實驗室紀錄──那種紀錄也只是事件的部分可靠指南。科學論文是或多或少經過細心架構出來的文章，有關化學合成或光譜儀建造過程中遭遇的困難，大部分都刪掉了，剩下的是讓我們對作者留下好印象的修辭（這種目的倒不會因為文體的壓抑而稍形減弱）。其實研究人員所克服的困難，才能更加彰顯這些成功的研究事蹟。

　　化學論文是人為修築出的化學活動摘錄。幸運的話，能讓讀者產生情緒或美感上的反應。但是，讓別人知道我們傳遞的信息並未完全反映事實，而且大部分是修飾過的，是否有些丟臉？我不這麼認為。事實上，我認為我們寫的論文自有優美之處。依照德瑞達（Jacques Derrida）的說法：這些「狂放的訊息」真的會離開我們，然後被送到遍布世界各國的細心讀者那兒。在那裡，論文以原文供人閱讀和了解；它們不但能產生歡悅，還能轉變成化學反應，產生實際存在的新事物。這種情形以每日上千次計的頻率發生，也是理所當然的事。

　　科學經常被人引證與藝術有別的特性之一，就在於科學有比較公開的編年紀事。這點從大量使用的參考文獻上就看得出來。但是，這是真實的歷史紀錄還是經過美化的版本呢？

　　引領化學論文文風的一位前輩曾經提出忠告：

　　論文的敘述方式要避免直述整個問題研究的編年紀事。完整的

研究過程也許還包括最初的錯誤猜測、錯誤線索、對方向的誤認和偶發的狀況。諸如此類的細節，在閒談研究時或許有娛樂價值，卻不宜放在正式論文裡。論文應該以愈直接的方式提出研究目標、實驗結果和結論愈好，至於研究過程中的偶發事件，對永久的紀錄而言並不重要。

　　我個人也喜愛簡潔而節制的表達方式。但若遵循上面這位文風引導者的建議，將有違科學家的人性。為了提出淨化過的標準化學研究報告，科學家必須隱瞞許多真正具有創造力的行為，其中包含人類心靈和行動上對「偶發事件」、「偶發狀況」的反應，也就是隱瞞所有隨機發現的要素，以及研究中具有創造力的直覺。

　　另言之，以上是說明，好的科學文體清楚顯示了，化學論文並不真的代表發生過或已知的事實，而是作者刻意構築的文章。

第 **14** 章

化學的記號學

　　科學家認為他們談論的內容，並不因使用不同的語言文字而有影響，他們認為文字只不過是用來描述科學家發現的物質實質，或加以數字化的物質性質。如果用字遣詞經過適當選擇和仔細定義，那麼應當能確切呈現出物質的真實性質，並且可以很完美的轉譯成任何語言。

　　這樣的說法有事實為證：新的高溫超導體 $YBa_2Cu_3O_{-7}$ 的合成方法才發表沒多久，就在全球各地上百間實驗室裡複製出來了。

　　但是實際情形還更複雜，因為任何一種語言使用的文字都是定義模糊不清的，而字典就像迴路元件——你只消去查詢某個字的一連串定義，很快會發現，這些單字彼此解釋，相互兜圈子。「推理」和「爭論」兩者對於科學交流極為必要，它們是以文字來進行的。因此，如果論題愈易於引發爭論，則使用的文字一定要愈簡單，並且易於掌握。

　　化學家要如何擺脫這樣的困境？也許可以從多年鑽研語言學和文學評論的同僚那兒得到一些幫助！文字是一種記號，一段密碼。

當然，它也象徵某些事物，但是它表示的事物卻必須要由讀者來解碼並加以解釋。如果兩位讀者具有不同的解碼機制，那就會解讀出不同的內容與意涵。化學之所以通行於天下，讓巴斯夫（BASF）化學公司能在德國或巴西建立工廠，並預期工廠運作順利的原因在於：化學家在所受的教育之中，被授與一套相同的化學語言。

我認為這部分可以解釋維茲傑克（C. F. von Weizsecker）寫的〈物理的語言〉（The Language of Physics）一文中記述的內容。他指出：若你詳細檢視一場物理（或化學）研討會的演講，你會發現其中充滿不嚴謹的陳述、不完整的語句與停頓等等。這種研討會通常是不帶草稿的即席演講，而人文學家則經常是逐字朗讀講稿。化學演講使用的語言並不嚴謹，但化學家卻能了解這些演講內容（好吧！至少有些化學家可以）。原因在於科學演講用到一些術語，也就是共通的知識，所以演講者不需要把句子說得完全，台下的人幾乎都在他說到一半時，就明白了。

語言和化學之間的連結存在已久。所以，在拉瓦節（Antoine L. Lavoisier）革命性的著作《化學論文的基本要素》中，引用了孔狄亞克神父（Abbé de Condillac）的話做為卷首語：「我們相信唯有依靠文字為媒介——因為語言是真正的分析方法。」而後，拉瓦節對此深思：「因此，雖然我以為自己只不過在製造專有名詞……我的研究卻在不經意的情況下，一步步轉型為有關化學基本原理的論文。」

卓越的歐洲作家卡內提（Elias Canetti）著有關於群體行為的重要論著《群眾與權力》（Crowds and Power），以及1930年代引發人們高度興趣的小說《迷惘》（Auto-da-Fé）。卡內提擁有化學博士學位，他認為化學教他關於結構的重要性。還有，偉大的美國語言學

家沃爾福（Benjamin Lee Whorf），他是出身麻省理工學院的化學工程師，證明語言能為文化造形。沃爾福並不反對偶爾用化學術語做直接的比喻，例如在一篇關於語言與邏輯的短文中，他寫道：「肖尼族（Shawnee）和努特卡族（Nootka，主要分布在奧克拉荷馬的印第安人）的母語文句組合，就像是化合物，然而他們的英文文句組合，卻比較像混合物。」

拉茲羅（Pierre Laszlo）也寫了一本內容豐富又具有原創性的書，來解釋語言與化學之間的關聯。他首先對分子、分子的結構變化以及語言結構〔如：詞素（morpheme）、音素（phoneme）、表意符號（ideogram）、和象形符號（pictogram）、形式轉換與敘述等方面〕，提出了有趣的類比。書中討論的內容遠超過語言在化學上的用途，並合理證明了化學和語言學之間擁有相似的結構。

化學的記號學在分子結構中最明顯，隨便翻開化學期刊的任何一頁都可看到分子圖為其增色，一瞥即知這是化學論文。這一個多世紀以來，化學記號學的代表就是分子結構，分子結構不僅能見原子的組成，還能看到原子的連接方式、在三維空間中的排列，及讓它們進行反應的容易度；此外，分子結構還決定了分子的所有物理、化學性質和生物性質。

對化學家而言，交流分子立體結構的訊息很重要。但是傳遞訊息的媒介卻是平面的，也許是一張紙或一面螢幕，因此化學家必然會面臨結構表示的問題。

第15章

那分子看來像什麼？

　　化學家交流分子結構訊息的方式，向來以繪圖的方式展現。現在，我們進入了問題的關鍵。這種平面視覺的三維空間結構呈現，對以化學為業的人而言十分重要，但這些人對這種訊息的表達，並不見得比一般人高明多少。化學家並不是因具備藝術天賦而自願（或獲選）從事這項專業，他們並不曾受過基本的藝術技巧訓練。以我來說，要我畫一張臉，而且畫得看起來像臉的本事，早在我十歲的時候就已經退化了。

　　那麼，化學家要表現分子結構時該怎麼辦？很簡單，幾乎連想都不用想就可以畫出來了。但是，圖中意義含糊之處卻遠多於化學家自己以為的程度。這種方法就是「象徵法」，亦即對實際事物進行符號轉換。它既是圖畫的，又是語言的，並且還具有歷史性，也兼具了藝術與科學。這種象徵性的表示法，是化學領域中共同遵守的規約。

　　前面我們已經看過一篇現代的科學論文（見第89頁圖12.2），讓我們也來看看一幅非正式的分子繪圖，這是化學家在閒談間用

餐巾紙交換的訊息，然後用餐完就遺落在餐廳的那種圖畫。如圖
15.1，就是由優秀的有機化學家伍德沃得（R. B. Woodward）手繪
的圖畫。

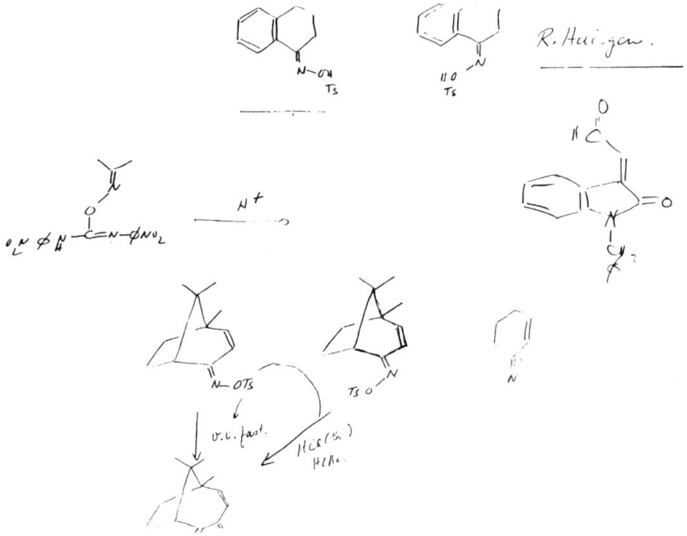

圖15.1　伍德沃得的手繪圖，大約繪於1966年。

現在，你眼前這張內容相當豐富的畫，包含許多小圖案——聰
明的讀者若非身為化學家，可能會對此感覺困惑。的確，一般讀者
可能會發現自己與羅蘭・巴特（Roland Barthes）初訪日本時的處境
相仿，羅蘭・巴特在《符號帝國》（*The Empire of Signs*）一書中，
對陌生而新奇的日本做了一番優美的敘述。

那麼，這些符號究竟表示了什麼意義？我們都曉得分子是由原子組成的，但是像圖15.2中的多角形（這裡以白色蠟狀、且具有刺鼻氣味的樟腦為例），是由哪些原子組成的呢？何以整個圖中只出現一個我們熟悉的原子符號——氧原子的O？

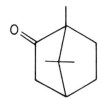

圖15.2　樟腦的典型化學結構。

噢，這是速記的方式。就像我們懶得說聯合國教科文組織的英文「United Nations Educational, Scientific, and Cultural Organization」，就簡稱它為UNESCO。同樣的，化學家懶得寫出所有的碳和氫（因為它們是無所不在的元素），於是只畫出連接碳的骨架。在樟腦結構示意圖中，每個未經特定標記的頂點都是碳。因為典型的碳價數（它形成鍵結的數目）是四價，所以私下與聞這項規約的化學家（還有你）都知道每個碳上應該放幾個氫。圖15.2畫的多角型，事實上就是圖15.3的速記方式。然而圖15.3就是樟腦分子的真實結構嗎？可以說是，也可以說不是。在某個層次上，它是；但是在另一層次上，化學家還想看到分子的三維空間圖形，所以他們畫出圖15.4。

此外，化學家還想看一看「實際的」原子間距離（也就是讓該分子以正確的大小比例顯示）。像這種吹毛求疵的細節，是可以得到的，只要多用一點錢和多做一些工，藉由X射線晶體繞射分析的

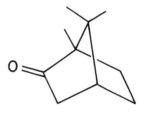

圖 15.3　樟腦，所有原子的詳細標示。　圖 15.4　樟腦的三維空間結構表示法。

技術，即可獲得。所以我們得到圖15.5，這種圖形多是經電腦繪製而成。這是所謂球─棒模型，它或許是二十世紀以來大家最熟悉的分子表示法。但其中代表碳、氫和氧原子的球，在大小上略嫌隨意了些。

圖 15.5　樟腦的球─棒模型。

　　對原子的實占體積而言，有一種較為「實際的」表示方法，那就是如圖15.6的空間填充模型。請注意，在這張圖中，原子的位置（稱原子核的位置較為適當）隱匿不明。

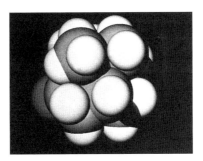

圖 15.6　樟腦的空間填充模型。

　　圖 15.5 和圖 15.6 都無法隨意繪出，也就是說，化學家無法在二十秒內把它們描繪出來（二十秒是訪問學者以新奇而引人入勝的內容，進行連珠炮式演講時，每張幻燈片通常會在布幕上停留的時間）。

　　結構表示法的複雜度不斷升級（或降級？），很難就此打住。此時，一位物理化學家跑出來，提醒她的有機化學同事：原子並不是釘死在空間裡的，它們其實是在那些位置周圍，以近於簡諧運動的方式在移動。分子是會振動的，並非固定不動的結構。而另一位化學家又跑出來說：「你只不過畫出原子核的位置，但化學卻是發生在電子上。你應該把某一時間和空間中，某處發現電子的機率（電子分布圖）畫出來。」圖 15.7 就是以這種方式來表現分子。

　　我當然可以繼續這個話題，但是讓我們先停下來問問自己：「其中哪種表示法（你已經見過七種了）是正確的？哪個才是真正的分子？」嗯，可以說全部都是，或沒有一個是。或者，認真一點兒說——它們全都是模型。這些結構表示法適不適當，視需求的目的而有所不同。有時候只要寫出「樟腦」這個名稱就夠了，有時卻要寫出化學式 $C_{10}H_{16}O$ 才符合要求。而通常以圖 15.2、15.3、15.4 這

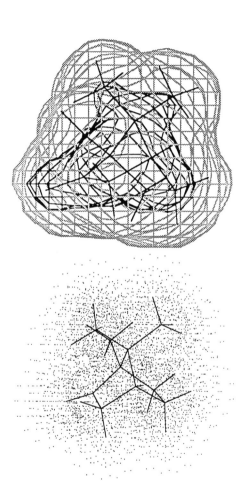

類的結構圖來表示，對我們來說就夠了。但有些時候則需要圖15.5

或圖15.6，或甚至需要圖15.7的表示法才足夠。

圖15.7　樟腦分子中電子分布的兩種表示法。

　　最後有一件關於樟腦的事情要告訴你，這項討論是出自拉茲羅（見第96頁）和我共同撰寫的一篇論文。我們挑選樟腦為題，因為它是大家熟悉的分子，而且結構表示法很簡單。由於我們其中之一（就是拉茲羅啦）在撰文時忘了它的結構，於是從一本教科書上查到，再請朋友依照資料繪製論文所需的插圖。結果畫出的每個結構，都是你現在所見圖案的鏡像；而現在你見到的才是天然的樟腦分子。

　　有一位細心的讀者向我們指出，我們論文中樟腦的「絕對組態」錯了，這位讀者就是1990年康乃爾大學貝克講座教授諾攸里（Ryoji Noyori）。後來，我們查文獻時發現，樟腦這個錯誤組態竟已為許多教科書引用，其中包括《默克索引》（Merck Index，一本常用的化學參考書）和許多學術論文。但是在西格瑪（Sigma）、奧德里奇（Aldrich）和福路卡（Fluka）等藥品公司的目錄中，樟腦的結構則毫無錯誤。顯然，產品的正確與否，供應商的壓力比使用者來得大！

第 **16** 章

象徵與實際

天真的唯實論派認為，化學結構式和真實的分子很相似。它們的確很像。苯環是構築有機分子最常見的基材之一，而經由物理方法獲得苯環的圖像是可能的。但是，這類「真實圖像」有時看來和化學家建立的苯環結構（圖16.1）頗為相似，有時則不然。

科學家認為，利用叫做「掃描穿隧顯微鏡」（STM）的新穎工具，就可以看見分子中的原子。但是當他們看見掃描穿隧顯微鏡下的石墨影像時，會被親眼所見的圖像嚇一大跳。由於以往我們了解

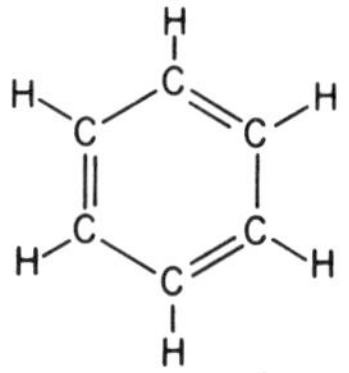

圖 16.1　苯環的結構。

的石墨，是由苯環編織的平面鐵絲網結構建構而成的，你應該看到每單位晶格有六個碳原子；但是掃描穿隧顯微鏡顯示的影像，六角形晶格中只有半數原子顯著可見，另外半數則因為某種理由，顯得較不清楚。因此，「看見」與「相信」兩者間的關係複雜；化學家建立的苯環只是粗略的近似結構，無非只是表達分子實體的象徵圖形罷了。

讓我們把焦點放在最典型的結構表現層次上（如第99頁圖15.2和第100頁15.4的表示法），看看一個多邊形分子及其理想化的立體結構。現在讓我從藝術家或繪圖者的觀點來問個問題：這些填滿科學論文且令人好奇的圖形是什麼？因為這些圖形並不是分子的等量投射，所以當然不是照片。但是它們顯然企圖利用平面來表現立體實體，以求把分子的本質傳達給各地的讀者。

每一本化學期刊裡都能看到化學結構，此外，人們居然都能從如此微少的訊息中，以心靈之眼「看見」分子，這兩點都令人驚異。三維空間的線索其實微乎其微，像圖16.2最左側的分子降莰烷（norbornane，C_7H_{12}，它是樟腦分子的骨架），其實是浮出紙面上的，不過建議你不必放置幫助你觀看分子的參考平面（如中間圖）。

 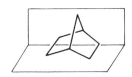

圖 16.2　降莰烷（C_7H_{12}）的三種圖形。

　　有些化學家十分依賴法則，他們不把降莰烷畫成圖16.2左側的圖形，卻把它畫成右邊的圖像。左右這兩種圖形有何不同？有的，右圖裡有一條線是交叉而非斷裂的。這在重建立體結構上是多麼瑣碎的線索，但它卻使最左側分子的一部分看起來是在另一部分的後方！這大概不算什麼新發現，你一定早在學校的美術課裡就學過了。圖16.3是一張洞穴畫，請注意畫面中兩頭野牛的腿和身體交疊時的處理方式。今天，想必聰明的化學家理當也能做到一萬五千年前穴居者所做的事，但他們卻常常認為這種細節無關緊要。

　　化學家的圖畫裡散布著繁多的楔棒和虛線（參見第89頁的圖12.2）。如第9章提過的，這些是視覺透視規約裡的組件，而這項

圖16.3　繪有兩頭野牛的洞穴畫。

規約的概念很簡單：實線表示位於紙面上，楔形棒表示指向平面前方，虛線則表示指向平面後方。因此，第65頁的圖9.1是化學家很容易就能認出的圖，圖中畫的是四面體的甲烷分子（CH_4），而四面體在化學上是最重要的幾何圖形。

有些人只要看到這些符號，就彷彿能看到這些結構躍出紙頁。若你還無法意會，不妨一邊注視這張分子圖，一邊在手中操弄這個分子的球一棒模型（用手，不是用電腦），就能終身牢記這種分子結構表示法。

但是，你再看圖12.2中更為複雜的分子一眼，就會發現，這種楔棒一虛線規約無法一貫的使用。大多數的化合物，令我們感興趣的平面大多不止一個；一個平面後方的原子和鍵結或許正處於另一平面的前方。這種慣用規則還未經系統規劃，就被論文作者或演講者直接拿來使用了，他們會選擇性的強調自己認為重要的平面。結果就是得到一張立體派的透視圖，如同霍克尼攝影拼貼（Hockney photo-collage）那樣，把同一件事物以各種不同的透視圖呈現。

如此，當然看見了分子，但是大家見到的圖像或許不是化學家認為的樣子。化學家以他們自己選擇的方式來表示分子，這恰好將人性中非邏輯的部分疊加在合乎邏輯的部分之上。

科學期刊的政策、成本限制，以及使用的技術，不僅使印出的論文形式受限，也使我們思考分子的方式受限。讓我們以降莰烷（圖16.4右圖）為例。

直到大約1950年，世界上還沒有一本科學期刊有能力、而且願意翻印如圖16.4右邊的結構；當時能在期刊中出現的，都是像圖16.4左邊的圖形。從1874年開始，大家才知道碳是以四面體的方式鍵結，意即它的四個鍵是從四面體中心向四個頂點方向放射。從此

分子模型便得以建立。但是我想在1925年左右，一般化學家的心目中，降莰烷的樣子仍然應該是像圖16.4中的左圖。他們的思考受限於期刊或教科書中所見的扁平分子圖，或許還曾經（我認為經常是）受那個不真實的平面圖影響而行動（例如合成這個分子的衍生物）。

圖16.4　降莰烷。

　　或許，這跟我們從小說和電影片段去想像真實的愛情，並沒有太大的區別吧。

第 17 章

鬥爭

　　在化學論文的表象底下，有不得不然的心智鬥爭。這是無可避免的，因為科學就是憑藉論證才得以存在。「論證」有幾種意義，可以把它當成簡單的推理過程，是對事實的陳述；或意味不同意，並提出相反的見解。我要聲明這兩種意義對科學都是不可或缺的，它們代表冷靜的邏輯推理和狂熱的堅信；儘管論證兩方對模型、理論和測量的敘述，會有一方是正確的而另一方是不對的。

　　我覺得科學創造力根植於人性內在的不安；而這個人知道自己是正確的，而且必須為堅信的事物，提出令他人滿意的證明，並發表在科學期刊上。

　　然而，一篇語氣平和的優良科學論文，可能藏有作者強烈的情緒暗流、修辭策略以及對本領的宣揚。但是尖聲大叫說服大家：「我是對的，你們全錯了！」的慾望，無疑與維繫學者風範的既有禮法相互衝突。所以，要在何處取得平衡，就見仁見智了。

　　在實驗和理論之間，還存在另一種無聲的對話。在化學領域裡，實驗化學家與理論化學家之間既愛又恨的曖昧關係，並不稀

圖 17.1　海勒（Constance Heller）的漫畫：兩位化學家在爭論苯的結構。

奇；它就像文學領域裡「作家」和「評論家」的關係，或者在經濟學的領域裡也有相似的關係。這種特殊關係的處理方式，很容易被人拿來當成諷刺漫畫的題材——實驗化學家認為理論化學家不切實際，好像在築空中樓閣，但是他們卻需要理論化學家提供的理解架構；理論化學家也許並不信任實驗化學家，卻希望人家願意從事他們需要的關鍵測量。但是，如果理論科學家完全不與實際的事物接觸，將立足於何處呢？

　　有個可笑的現象是：在偶爾會有「延伸理論討論」的實驗論文中，你會發現作者刻意經營「理論與實驗共舞」的情緒。在這些討論裡，有部分是真正對理解的追求，但另一部分則企圖利用廣為學者接受的化約主義，來加深同行的印象（以誇大的方式為較數學化

圖17.2　海勒的漫畫：理論化學家（左）與實驗化學家（右）。

的結果歡呼）。對此我可沒有言過其實。另一方面，在我自己的理論論文中，我在參考文獻中放入的論文，與實驗相關的篇數，也常超出應有的程度；因為我試圖「收買」實驗研究者的信任。我想若是向實驗化學家顯示，我懂他們的研究，或許他們也肯傾聽我瘋狂的奇想。

　　另一項相關的對立，則是發生在純化學和應用化學之間。有趣的是，從化學界分裂出純化學和應用化學，竟然也根源於十九世紀中期的德國。而且就我所知，在當時的另一個化學強國──英國，這種區分似乎不那麼明顯：純化學論文的研究結果，一經證明具有工業用途，就會朝應用的方向延伸；不過也有退卻的情況發生，就如有些科學家不願涉及常常難以控制、又十分複雜的工業觸媒領

域。而在工業環境裡,則是努力想取得學術證明。

在化學這門與經濟密切相關的科學之中,最重要且無聲的掙扎,也許要算公布或保密的決定了。這和化學文獻中見到的那種掙扎不同;因為一旦決定要發表研究結果,就要盡可能使內容正確。並且你的研究結果愈有趣,競爭對手就愈可能會去檢驗它。還有可以確定的是,他們一定會興高采烈的把你的錯誤公諸於世。

不過,要是你有什麼具商業價值的結果,你應下的重要決定是:要不要延後發表,以建立你的專利地位,或者根本就不發表。請回想第10章提過的,關於多馬克發現磺胺類藥物的傑出故事,當時的多馬克正替德國法本企業集團工作。他在1935年發表論文,公布早在三年前就合成出來的化合物——第一種合成的磺胺劑(對胺苯磺醯胺)。而且,多馬克是在獲得專利權後一個月,才發表這篇論文。

第18章

本我呈現

　　我這裡用到的「本我」（id），有心理分析上的意義，指的是蟄居在潛意識裡，本能的渴望和恐懼情結。從一方面來看，這種不合理的衝動是我們人性的黑暗面（最明顯的是鬥性）。但另一方面，它們也提供了充滿創造力的活動所需要的動力。

　　科學是由人以及人為的工具共同創造的，這意味著科學是由容易犯錯的人類完成的。誠然，獲取知識的驅動力是好奇心、利他主義這些理性動機；但是，創造力確實根植於人類心靈非理性的漆黑湖沼中，在那兒，恐懼、勢力、性和幼年時期的精神創傷，都以隱藏的、神祕的方式漂動並驅策我們。不只人的性格及深藏的動機與創造力關係密切，就連它們令人厭惡的一面，也可能是創造力行動的驅策力。不過請注意，這不是在為不道德的行為找正當理由。我想說的是，科學家就像任何人一樣，十分渴望做道德完美的人，但是，科學家並不因為身為科學家，就比其他人表現得更有道德、更加完美。

　　然而，這種非理性部分似乎在科學論文寫作中，被有效壓抑

了。但是，科學家仍然是有人性的，因此不管在論文裡多麼努力掩飾，他們內在的非理性動力仍然會冒出。會在哪裡冒出呢？要是你不讓它們在光天化日下正當的在書頁中呈現，它們就會在黑夜裡當萬物都隱退，而且沒人看見到底有多卑鄙的時候，匍匐出現或暴發。當然，我指的正是那種不必具名的「審查」過程。當我把論文投給一本化學期刊，期刊編輯會把它送給至少兩位審查人（大概都是與我同一研究領域裡的專家）。審查到期時（據我的經驗，這比文學期刊或人文社會學期刊的審查快上許多），我會收到審查人不具名的批評或意見。

在這些不具名的審查過程中，有你無法想像的非理性反應會從看似完美無缺、理性十足的科學家身上釋放出來。這兒是從我收到的審查意見書中挑出的幾件：

審查意見一：「這篇論文的推測，簡直就是像我們在研討會中或舉杯閒話的聚會裡聽到的那種東西；這論文中的許多論點，早在我自己實驗室的研討會中，就聽我那些年輕聰明的學生提過了。但是別人可不會自負或厚顏到認為這類推測值得發表，更別說是登在以第一人稱寫出的化學通訊裡。這篇論文在我看來，完全不適合登在任何有名氣的化學期刊上，更甭提要登在《美國化學會誌》上了。」

審查意見二：（我把論文投到一本化學期刊，但審查者卻是物理學家）：「這篇論文絕不會被《物理評論》（*Physical Review*）接受的。作者應該去計算這個結構的結合能，並且把它和石墨做比較，而不僅是提議說，這是一個可能的結構。休克爾的延伸法（the extended Hückel method）還包含了三個電子伏特（3eV）大小的誤差，所以它只是能發表在化學期刊上的論文，絕對毫無其他用處，你們化學家應該好好提升水準。」

審查意見三：「我從未仰慕霍夫曼在無機和有機金屬領域的努力成果。就如同對職業橋牌選手來說，他們對於即使頗具慧根的業餘好事者，也興趣缺缺。霍夫曼很聰明，但卻未聰明到讓他做的每件事都正確。再說業餘兼差不管做得再好，也很快就令人生厭。

我倒想知道，霍夫曼為什麼可以自大到認定他做的每件研究，都應該登在《美國化學會誌》上。更明白的說，這篇論文根本就不配登在《美國化學會誌》上。它只不過是排在眾所周知的長隊伍中的第 N 名而已。」

接下去還有三百篇這樣的批評，我都能夠平心靜氣的看待。但在早期，這些批評的確具有毀滅性。當然囉，我自己當審查人時寫的批評意見可都是合情合理，並頗有紳士風度（笑）！

其實，我得到的大部分批評意見並不像上述幾個那麼偏頗。不過，當某些意見使我憤怒時，我就試著去思考它們和我的詩稿投稿被拒時，收到的退稿函之間的差異──通常都沒有這種意見，只是單純的拒絕。

事實上，我認為使化學論文不致完全枯燥無味的因素，正在於它用的語言是在壓力下表達出來的。雖然我們試著用文字傳遞訊息，但這些訊息或許無法用文字表達，而需要用到其他符號，像結構、公式、圖表。儘管我們努力要把情緒從我們所說的話裡剔除，但這幾乎是不可能的。因此，我們使用的語言偶爾也會因我們無法

坦述的事情，而變得張力十足。

　　總之，科學論文在表面和表面之下，確實有許多事物在隱隱進行。現在容我把話題從研究成果的敘述方式（以及在化學寫作和化學結構中透露的，隱藏在敘述方式下的張力），轉到以這種敘述方式報導的化學結果上。這些結果是新奇的，但它們能算是發現嗎？

第三部

製造分子

第 19 章

創造與發現

　　大體來說，科學家在描述他們從事的工作時，會把它形容成「發現」，藝術家則以「創造」來描述。「揭開自然的奧祕」這句陳年老調，就像強力膠般固著在我們心裡。但是我認為用「發現」這個詞，只能有效描述科學家從事的部分活動，而且也只是化學家一小部分的工作而已。不過，「發現」這個意象之所以被迅速接受，自有其歷史、心理和社會的原因。我們必須把這些提出來談談。

　　歷史和心理因素： 現代科學在歐洲的崛起，恰巧和地理上的探險勘查同時發生，人們開始航向遙遠的對岸，去探測未知的土地；甚至到了二十世紀，還有一位叫艾蒙森（Roald Amundsen）的人，首次揚帆橫渡西北航路，繞了半圈地球抵達南極。長途的探索旅程、新畫出的地圖，以及第一眼看見皇家陵墓中閃爍耀眼的金質器皿，對「發現」這個詞彙來說，都是深具說服力的意象。難怪科學家會接受以「發現」描述他們在實驗室的研究活動。而實驗室的研究工作，有某些性質與想像中的冒險共通嗎？

這裡有一段詩，代表了當時一般人的想法，它是了不起的英國化學家戴維（Humphry Davy）寫的：

噢，至為壯麗高貴的自然啊！
我難道未曾以不朽的先人所奉獻的愛來崇拜你嗎？
敬慕你那親眼可見的創造，
探求你那隱藏的神祕道路，
就如同詩人、哲學家、智者一般？

偷窺、揭露和穿透──這些男性的隱喻，是十九世紀對於科學特有的描述方式，因為它們恰好符合了「發現」的概念。

社會和教育因素：我相信那些科學家出身的科學哲學家，大致都來自物理學和數學的領域〔不過傑出的哲學家波拉尼（Michael Polanyi）是例外，他是深具洞見的物理化學家〕，所以專業哲學家的養成教育也可能偏重在物理、數學領域；因此，邏輯在哲學中扮演重要的角色，是可以理解的。而科學哲學家專業領域裡流行的推理思考方式，也無疑的會經由他們拓展到所有科學領域──不過，我認為這樣並不切實際。

哲學因素：法國理性主義者（rationalist）的傳統，以及最先系統化的天文學和物理學，都在科學的核心上遺留了化約主義的哲學，而這我在第4章中就反對過了。然而，化約主義哲學卻正符合「發現」這詞彙，也就是深入挖掘以發現真理的特質。

話說回來，化約主義只是理解的一部分而已；我們生來並不只

會把事物解構、拆散和分析，我們還能建造出新的事物。而且，主動創造所面臨的考驗，要比被動理解更嚴苛；或許「考驗」用在這裡並不恰當，因為建立和創造本來就與化約主義者的分析方式迥然不同。關於這點，我要說：在科學中更重要的，其實是先進的建設模式。物理學家費曼一度在黑板上寫道：「要是我無法創造出某種事物，就表示我並不了解它。」

歌德在1809年出版的一本獨特的小說《親和力》（*Elective Affinities*）中，提出了有關化學鍵理論的隱喻；而且還在分析法仍居科學的中心地位之際，就有先見之明的讚頌化學合成，並編造出一段艾都爾和夏綠蒂之間的對話：

「親和力只有在導致『離異』時，才顯得有趣。」

「難道這個在我們今日社會裡經常聽到、且令人悲傷的字眼，也發生在自然科學領域嗎？」

「的確，」艾都爾回答道：「甚至把化學家稱為『促使一物與另一物離異的藝術家』，對他們而言，還是一種恭維呢。」

「但如今已不再如此，」夏綠蒂說道：「現在，合成才是好事。因為使事物結合是更偉大的藝術和功勞，能夠把任何一個主題統合的藝術家，將會受到普世歡迎。」

奇怪的是，化學家竟然會接受用「發現」這詞來說明研究過程。化學是分子（一百年以前，人們稱它為「物質」或「化合物」）及其結構變化的科學。的確，某些分子原本就存在那兒，只等著我們去認識它們的靜態性質，例如含有什麼原子、這些原子如何連接、分子的形狀如何，有什麼美妙的色彩；還有分子在動力學

圖19.1　歌德的小說《親和力》一書中的主角。

上的特性，像是分子內部的運動和它們的活性。這些分子有些屬於
大地的，如簡單的水和複雜的孔雀石；有些是屬於生命體的，如結
構甚為簡單的膽固醇，和較為複雜的血紅素。因此，「發現」這個
字顯然適用於這些分子的研究上。

　　但是，還有更多我們在實驗室裡製造出來的化學分子。想來

我們人類的產量還真是驚人——目前登記已知而且對其特性做過詳細研究的化合物，就已超過千萬種。竟然合成出一千萬種以前地球上不存在的化合物呢！它們的合成確實依循基本的規則，而且若甲化學家未能在某日製造出某種分子，或許幾天或幾十年後，乙化學家就合成出來了。化學家會挑選他們想製造的分子和不同的製造方式。這種情形與藝術家的情況有幾分雷同：藝術家受到顏料與畫布的物理性質約束，並受訓練所薰陶，從而創造出新的作品。

在化學領域中，有時我們顯然是以「發現的方式」在處理事物。比如，闡明已知天然分子的結構或動力學時，通常仍須涉及人造的分子。我曾聽過優秀的英國化學家巴特斯比（Alan Battersby）的精采演講，談的是尿紫元（III）（uroporphyrinogen-III，縮寫商品名為uro'en-III）的生物合成。這乍看之下並不是極富魅力的分子，但卻是植物用來製造葉綠素的前驅物，而葉綠素又是所有光合作用的活性基礎；此外，在所有細胞中進行電子傳遞的細胞色素（cytochrome）都要用到尿紫元（III）的一種衍生物；還有，血紅素中含鐵的重要氧分子載體，也是衍生自這種小的盤狀分子。

第124頁的圖19.2畫的尿紫元（III），是由四個吡咯（pyrrole）環構成，它們相互結成一個更大的環。請注意每個環中A和P的記號，這兩個字母分別代表乙醯基（CH_2COOH）和丙醯基（CH_2CH_2COOH）。你從大約十點鐘方向的位置順時針沿環走，就會發現它們的順序都相同，只有最後一組是倒反的，所以這些記號讀起來應該是A—P，A—P，A—P和P—A。

這個天然分子是怎樣組合的，很顯然就是一項關於「發現」的問題。其實這四個吡咯環是借助酵素連接成鏈，然後才形成環。但是起初合成時把最後一個環給「放反」了（也就是原先該環上的

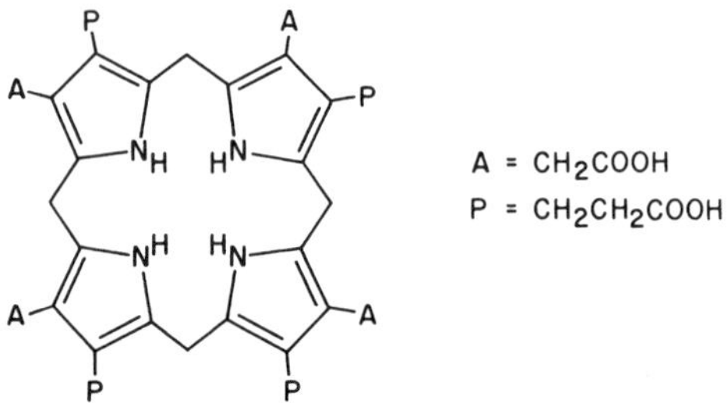

A = CH₂COOH
P = CH₂CH₂COOH

圖19.2　尿紫元（III）。

A、P標記順序和其他的環都相同，都是A—P）。後來是經由一個
奇妙的反應程序，才使最後一個環翻轉到正確位置。

　　這個不可思議但真實的故事，是由巴特斯比和他的工作同仁利
用一系列「合成」的分子推論出來的。他們設計的分子可用來模擬
生命系統中某些重要的分子；每個合成的「假想中間產物」也會受
到和生理環境類似的環境影響。如此，研究人員就可從中探索出一
系列天然的反應過程；也就是說，利用人為製造出來的產物，學習
大自然如何建造出使生命運作的分子。

　　「分子合成使化學十分接近藝術，因為我們創造出日後可供自
己（或他人）研究或鑑賞的對象。」──這是法國化學家伯特洛
（Marcellin Berthelot）早在一百年前就道出的見解。而這也正是作
家、作曲家和視覺藝術家，在他們領域裡努力不懈的目標，我相信
在化學領域中，這種創造力也十分強大。

　　數學家也在研究他們創造出的對象，只是那些對象是心智的
概念，而不是真實的結構（儘管如此，仍無損其獨特性）。其實在

這方面，工程學中的某些分支還頗接近化學，或許這就是在李維（Primo Levi）的小說《猴子的憂傷》（The Monkey's Wrench）中，身為化學家的敘事者，會對主角法森（Faussone）這位建築師感到惺惺相惜的原因吧。

工程師比靈頓（David Billington）曾對工程學的特質，做了清楚的分析：

雖然科學和工程學都用到物理實驗和數學公式這兩項技巧，但是學生很快就會發覺，若把這些技巧應用在這兩種不同的學域上，會顯得十分不同。工程學的分析是去觀察和試驗橋梁、汽車及其他人造物品的實際運作情況，科學的分析則依賴在實驗室裡對自然現象，進行嚴密控制的實驗和觀察，並且獲得解釋該現象的普適性數學理論。因此，工程上對事物的研究是為了改變它們，而科學上則是為了解釋它們。

可惜，美中不足的是，比靈頓也掉進了「把科學當成發現」的陷阱中。

理論和假說的建立也是創造的行為，甚至比物質的合成更具創造性；因為我們必須經由想像，在腦海中浮現一個模型，使它能符合經常不按牌理出牌的觀察結果。儘管如此，它還是有跡可尋的，那就是建立的模型必須和先前獲得的可靠知識一致，而以往的知識會提供我們「該做些什麼」的暗示，而且我們也可了解相關問題已解答了多少。不過真正重要的還是，我們要尋求的是前所未有的解釋，也就是兩個世界的關聯性。

其實如下的敘述往往就是提供線索的隱喻：「兩個交互作用的

系統，嗯……，讓我們用一對共振的簡諧振盪器來模擬，或者……一個穿透障礙的問題。」外面的世界或許只呈現中度的混亂，但是我們不了解的部分卻呈現出驚人的混亂，因此我們會想了解這其中蘊藏的模式。人類很聰明，是「混沌的鑑察家」，所以我們能發現並且創造出這樣的模式。機敏的讀者瑞琵（Mary Reppy），對此下了睿智的評論：

　　我認為，問題中實際存在的複雜性使問題顯得有趣，但這真實的複雜性又要夠簡單（經由近似法）或夠小，才能進行模擬，而這兩者之間存在著一種平衡。已經被完全了解（或化約）的問題很乏味，但是過於複雜的問題卻會令人受挫。

　　如果有更多科學哲學家受過化學訓練，我確信我們眼前會呈現出迥然不同的科學樣貌。

　　藝術全都是創造嗎？我不認為。我在這裡提出維瓦思（Eliseo Vivas）的研究，他的一本散文集的名稱，就跟本章的章名一樣，都叫「創造與發現」。他主張藝術裡有許多的創作是融合了發現的過程。維瓦思在一篇詩評裡論到，詩人並不能做出如〈創世紀〉描述的「起初，神創造天地」那樣的神蹟。詩人做的反而比較像第二經節裡報導的事情：在詩人到來以前，地球對我們而言，無所謂形體且虛空混沌，海面上一片黑暗。詩人把光明從黑暗中分離出來，帶給我們一個有秩序的世界。若不經由他們，我們無法得見這一切……詩透露了詩人經由創造的行為而領悟的事物。

　　維瓦思接著又說：

　　我想像具有創造力的心靈，就是去發現生存價值的心靈……
從人類文明立場來看，心靈能創造出新的價值，而這些新價值原先
並不存在於具有創造力的心靈，或是人類的文明之中。但詩人的心
靈，卻能藉著把它們從現世提升到詩裡的方式，來發現新的價值；
再由讀者把詩及其中的新價值觀，帶到各地廣為流傳。

　　詩人暮爾（Richard Moore）則寫道：

　　藝術家最好向所有未知的力量祈禱，並且用各種儀式來表達他
的願望，但願自己千萬不要創造出任何事物，只要為所有對藝術有
興趣的人，尋找待發現的事物即可。他一定不要去創造事物，只要
去發現便是。

　　我很同意維瓦思和暮爾的見解。我認為藝術大體上是去發現存
在我們周遭的深奧真理；儘管它們經常與科學嘗試去了解的那套問
題重疊，但它更經常觸及那套問題以外的事物。藝術立志要發現、
探索和闡明我們共通、不斷改變，而且不可化約的內在世界；也就
是「去建構更完美的生活，肉眼無法看見的城市，以及屬於我們自
己的星宿」。

第20章

讚頌合成

　　創造是美妙的。首先，讓我們讚美大自然的創造——從簡單的事物，例如竟夜降在豔紅楓葉上的白霜，到最複雜難解的事物，例如日以千計的嬰兒在母體孕育期滿，呱呱墜地。

　　接著讓我們讚美人類的創造——音樂大師莫札特和為他編寫腳本的劇作家達蓬特（Lorenzo da Ponte），以及女高音愛梅琳（Elly Ameling）和英國交響樂團，在相隔兩百年的時空裡，合作演出歌劇〈費加洛婚禮〉，它是如此甜美而清晰，幾乎教人心碎。

　　霍克尼（David Hockney）把五十餘張粗略沖印的相片重組成一張組合影像，這使得相機、霍克尼和我們，變得就像眼睛，專注在此細節然後跳到彼細節，把某塊背景放大。再如伊頓（Phil Eaton）和科爾（Thomas Cole）合成了一種叫做立方烷（cubane）的簡單分子，它以八個碳原子組成立方體，每個碳上都接了一個氫（如次頁圖20.1）。

　　我特別要讚頌合成，讚頌分子的製造。合成位居化學的核心，它使化學接近藝術，但內涵仍是符合邏輯的，憑著這點便足以驅使

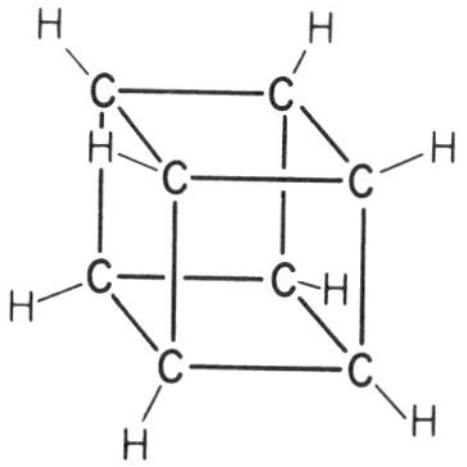

圖20.1　立方烷。

一些人，嘗試教導電腦設計出製造分子的策略。

　　化學家會製造分子。當然，他們也會研究這些分子的性質；他們用之前提過的分析技術進行分析，並且架構理論來解釋分子何以穩定、為何呈現如此的形狀和顏色；他們還會研究反應機構，嘗試發現分子如何進行反應。不過製造天然物或人工合成分子，仍位居研究的核心。

　　製造分子的方法不只一種。所以讓我們來看一些不同類別的化學合成法。這些方法是基於科學的需要、經濟的考慮、各項傳統，以及美學上的考量，而塑造出來的。

　　元素合成法：你取來本身是元素或化合物的物質甲，把它和物質乙混合後，用光或熱連續照射，並且經過放電處理。然後，就在一團烏煙瘴氣、一道閃光和一個爆炸之間，「砰！」的一聲冒出可愛的結晶，那正是你想要的物質丙──這就是漫畫書賦予化學合成的刻板形象（圖20.2）。大體說來，這並不是聰明的分子製造法，除非要製造的產物分子還不存在這個世上。第131頁是經由元素來製造四氟化氙（XeF_4），而不動用上述煙火製造術的方法。

圖20.2　一位著名化學家的研究。採自《迪士尼的唐老鴨歷險記》。

$$\text{Xe} + 2\text{F}_2 \xrightarrow{\text{加熱}} \text{XeF}_4$$

這項製造的想法始於巴特列特（Neil Bartlett），他提出某些機智的推理，讓四氟化氙的製造者相信這種化合物可能存在，於是促成了這項製造的完成。這是第一個由鈍氣和鹵素合成的簡單化合物，而且這項獨特的製造法，也推翻了一般對製造四氟化氙所抱持的保守態度。

部分靠設計，部分靠運氣：有極大半的化學合成是在機運和邏輯之間躍動著。從事研究的人約略曉得自己想做什麼，譬如：要切斷那兒的一個鍵，並在這兒形成一個新鍵。所以當他讀到一些類似的反應，其中的分子和他手邊的分子也很相像，他就會嘗試進行這些反應（更可能是叫研究生去試）。

結果也許可行，也許徒勞無功；也就是說，或許要修改一下反應條件、變動一下溫度、或依循不同的策略添加化學藥劑，也可以試試使混合的時間長一點或短一點。也許就在研究者做完第七次實驗後，奇妙的事情發生了，燒瓶中產生了幾乎完全不溶的褐色膠狀物。若繼續把其中的液體分離，用另一種溶劑萃取，再使該物質結晶，最後會得到半透明的淡紫色晶體。

這裡有米蘭化學家所做的合成實例，這個反應產生了令人稱奇的金原子簇（見圖20.3）。他們以簡單的金膦碘化物當起始物，再把NaBH_4、乙醇加在金膦碘化物上。由於這種還原反應條件曾在其他反應中產生新穎的金－金鍵結，因此這群化學家認為，金膦碘化

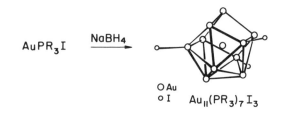

圖20.3　一種金原子簇的合成。每個「外緣的」金原子都帶有一個從該金原子簇中心朝外伸出來的PR_3基團，但在本圖中並沒有顯示出來，僅顯示金原子簇的核心部分。

物在這種反應條件下也可能發生有趣的事。雖說他們對燒瓶裡究竟會產生什麼分子，已有一些想法，並做了周詳的準備（這點非常重要）；但是我認為，說他們當初並未真正預期到會發生什麼反應，卻一點也不為過。事實上，這些反應物自行組合成不可思議的原子簇，分子中間是一個金原子，外圍環繞著另外十個金原子，形成十八面體。

　　工業合成法：圖20.4顯示商用阿斯匹靈的合成法。在美國，每年這種藥丸的製造數量，接近國防預算經費的數目。

石油 →　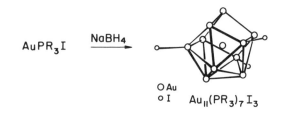

圖20.4　阿斯匹靈的工業合成法。

這個方法先是從石油分餾物中分出苯，然後依序和硫酸、氫氧化鈉、乾冰和水、醋酸酐反應，最後產生乙醯柳酸，也就是阿斯匹靈。

幾年前，《潘趣》（Punch）雜誌曾以詩句，對合成做了一番適切評論，詩名為〈化學原料供應站〉（chemical feedstocks）：

在生活的小遊戲裡
幾無一物可稱得上美麗或有用，
但是你卻能在瓶樽裡，
從黑漆漆的煤焦油中萃得：
油和膏，蠟和酒，
還有做出稱為苯胺的迷人色彩；
你可以從黑漆漆的煤焦油中
創造出任何事物（只要你知道如何做），
從藥膏到一顆星星。

製造阿斯匹靈，如同製造大多數精密的化學品一樣，都以石油裂解產物當起始物。這正是問題所在，也是挑戰——要如何從種類多到用不完的石油裂解產物中，製造出這些複雜的結構？

在任何工業合成中，安全都是重要的考慮因素。製造過程一定不能對工作人員的健康造成傷害，並且誠如我們慢慢了解到的：一定不能破壞環境，而且最後的產品必須對消費者的安全無虞。針對這點，大家必然會思索：在今天的市場上，阿斯匹靈是否應准許以非處方藥上市？

在工業合成上無法避免的問題，就是成本。要做為起始物和試

圖20.5　煉油廠。化學原料中，有許多都來自石油裂解的產物。（Robert
Smith攝）

劑的原料，應愈接近土壤、空氣、火力和水愈好（不過目前火力已
日趨昂貴）。所有用在阿斯匹靈合成上的試劑，全都列在化學藥品
製造排行榜的「前五十名」（依最高產量和最低成本排名）。成本
的花費，驅使製造商努力把合成效率提到最高。如果合成中的一個
步驟顯示90％的產率，也就是理論生成量的90％，那麼，若能經由
新的催化劑使率提高到95％，或許就可以產生上百萬美元的競爭
優勢。

　　在從前，這種目標會造成「索性從藥櫥上把下一個藥品拿來試
試」的對策。而現在，已有些進步的工業機構，願意投資探討化學
反應的基礎研究，期望找出合理的途徑來改進合成方法。

　　在工業合成上，降低成本的競爭壓力也是眾多創造力的來源。若遇到哪種合成方法行不通，從事學術研究的化學家可以輕快的飛向下一個令他興奮的問題上頭。但是從事工業研究的化學家卻別無選擇，只好埋首研究下去，但是他們經常會得到具有開創性的解決方法。

第 **21** 章

立方烷的製造藝術

　　還有一種合成也像工業合成一樣，須經過預先計劃。許多化學合成的傑作是在學術環境下產生的，在研究成本上較不受限（儘管還是有所限制），而且想像空間非常自由，因而造就了許多不可思議的合成結果。這裡就有個先前提過的例子——立方烷的合成。這個由碳原子構成的結構並非天然物；製造它並不是因為它很有用，而是就柏拉圖式的立體結構來看，它是美麗的。製造它的另一個原因是：立方烷就像一座無人不知的高山，矗立在那兒，等待人們去征服。但是，許多人的努力都失敗了，直到1964年，才由芝加哥大學的伊頓和科爾成功合成出來。

　　這裡有一張印自原始論文的圖表（次頁圖21.1），顯示伊頓和科爾如何製造出立方烷。我們眼前可以看到十個分子和九個分子間的箭頭（或說反應）。每個箭頭上方是反應條件的簡明敘述。單是一個反應可能就包含五到二十項不同的物理操作，像是稱量藥品、把藥品溶在溶劑中混合、攪拌和加熱、過濾、乾燥等等。每個步驟可能會花上一小時或一週的時間。而且這張圖還沒把鑑定中間產物

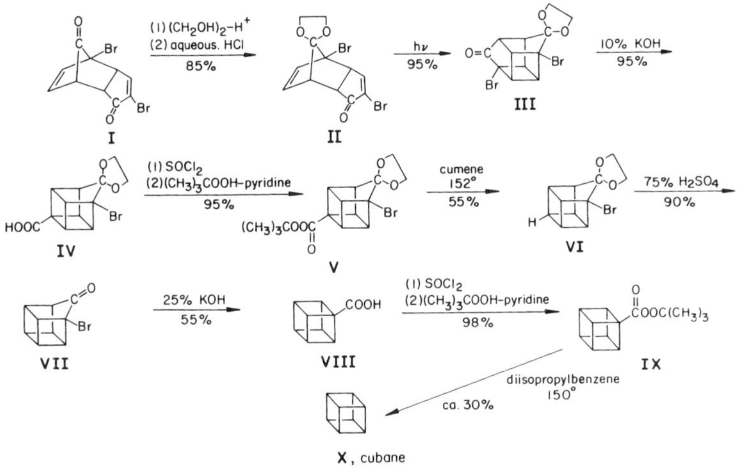

圖21.1　立方烷合成過程。

分子要做的，那些既艱難又機智的分析化學程序包括在內。

　　整個合成的最終產物是立方烷，而起始物是分子 I ——它的結構看來並不簡單。不過你或許會認為，建構分子一定是用現成的原料。沒錯，開始的原料確實是很容易製造的；伊頓與科爾先前就已經以三個步驟，把一種每公克只值幾美分的分子，合成化合物 I。

　　每個箭頭下方標注一個百分率，這代表產率，也就是實際獲得的產物量占理論上完全反應可得產物量的百分率。也就是說，假使你進行以下的反應：把具有兩個碳和四個氫的乙烯（C_2H_4）與丁二烯（C_4H_6）反應，使它轉變成環己烯（C_6H_{10}）。

$$C_4H_6 + C_2H_4 \rightarrow C_6H_{10}$$

　　以原子量為量度標準，氫的重量是一個單位，碳重是氫的十二倍；你會從分子量54（$4 \times 12 + 6 \times 1 = 54$）的丁二烯，得到分子量是82（$6 \times 12 + 10 \times 1 = 82$）的產物環己烯。真正的產物重量，則視一開始使用的丁二烯的量而定（假設乙烯可以充分供應），而你可能使用了一公克、一公噸或一毫克的丁二烯。但是，無論一開始瓶裡的丁二烯有多重，最後你能從丁二烯得到的最大量環己烯，永遠是原先質量的82/54倍。質量是守恆的，絕不可能無中生有，因為並沒有發生核反應。

　　在合成立方烷的第一個步驟裡，科爾和伊頓得到85%的產率。接下來的反應，出現30%到98%不等的產率。你或許會認為他們記下產率的主要原因，是要顯示反應的效率；因為如果每個步驟的效率是10%，就很容易計算出他們必須用多少貨車的起始物，才能得到一毫克立方烷。但這並不是研究員列出百分產率的主要原因。

　　其實，化學反應中的產率是一項審美準則。想了解這點，讓我們先想想，怎麼有人會得到只有10%的產率？這是因為一個反應是一連串的物理操作，它是由容易犯錯的人類，利用不完善的工具去執行的。所以，要想獲得10%產率的方法，也許是在把溶液從燒杯倒進過濾漏斗的過程中，倒掉了90%。這種草率不用心，不論在科學或藝術上，都不會給人好印象。

　　但是，假設所有傾倒和轉移的過程都能精確完成，並且操作的技巧高超，卻仍然只獲得10%的產率；那麼，這就不是雙手出的錯，問題出於我們的心智。很顯然，大自然並不理會我們的合成設計，它決意利用這個材料的90%去做別的事。這顯示心無法勝物，得不到讚賞。也許，我們應該找出更好的方法，來完成這個反應。而伊頓與科爾在立方烷合成步驟中那一連串高產率的反應，就包含

並定義了化學的優美之處。

　　合成的策略會運用到高度邏輯；那些包含許多步驟的合成設計，就好像西洋棋中的布局。最終獲得立方烷的結果，正如「將死」的形勢，至於合成過程中則是根據規則步步移近；不過這些規則可比西洋棋的有趣且自由得多了。合成化學家的問題就好比是在棋盤上設計一種形勢，再倒推十步，回到不起眼的局勢。不過這不起眼的局勢卻是暗藏玄機，聰明的棋士（或化學家）會把那種局勢經由一連串充滿機心的移位，而達到「將死」的形勢；不管那不肯順服的對手，也就是萬物中最難以平服的對手「大自然」，會如何應付。

　　偉大的合成化學家孔佛思（John Cornforth）曾提出一項明智的論點，他認為這個對手（他稱之為真理）「有時候會在研究工作進行時，搖身一變而成為老師和朋友」。

　　化學合成裡顯而易見的邏輯內涵，引發人們想撰寫電腦程式來仿效合成化學家的心智。這種程式設計對於「人工智慧」和「專家系統」的研究人員和化學家而言，都是高度的挑戰。撰寫這種程式極富教育意義，因為從事這種程式設計的化學家，在仔細分析本身思維過程的當下，會學習到和自己的科學研究有關的許多知識。目前這些程式在一些工業實驗室裡已經普遍使用，因為它們在例行性的合成上頗為有用。

　　但是，這些合成的程式能提供那種一旦付諸實行，就可以刊登在著名化學期刊上的有趣合成嗎？我認為這仍有爭論。那些研究「以電腦協助合成」的人，發表的論文通常是展現他們的程式能提供導向艱難目標的途徑，以此證明程式的功能。然而這些途徑並未脫出先前其他優秀化學家構思出的方法。但是我仍然期盼日後能有

像這樣開頭的論文出現：

有一種從嘎斯特拉氏黏菌（*Gastela manuelensis*）分離出來的新穎抗病毒劑——布沙凱氏黴素-F17（Bussacomycin-F17），十分有趣。我們企圖對這個具有十五個非對稱中心的分子進行全合成，但並不成功。於是我們開始應用 MAGNASYN-3 程式，它提供了一個成功的合成方式，如圖一……

　　然而人類在心理上對於承認「自己可以由電腦程式取代」，並不太適應，總以為只有別的事物才能由電腦取代。

　　化學合成顯然是建造過程，因此可以從中看到對結構的考量，和卓越的構築美學。請注意，以立方烷的合成為例，中間產物要比起始物或最終產物來得複雜，為什麼會這樣？那是因為在組合其他部分時，必須先建立起鷹架，讓結構中的每一處都保持在恰當的位置。

　　以下的說明提供我們更深入的洞察：分子Ⅰ（見圖21.1）有兩個酮基（CO）；在形成分子Ⅱ的反應裡，科爾和伊頓先使其中一個酮基與保護基反應，變成五員環，但是另一酮基保持不變。然後，把不變的酮基轉變成羧基（COOH，Ⅲ→Ⅳ），又從羧基變成酯〔$(CH_3)_3COOCO$，Ⅳ→Ⅴ〕，再變成氫（H，Ⅴ→Ⅵ）。在Ⅵ→Ⅶ的步驟裡，他們才把上方酮基的保護基除去，接著用與前個酮基相同的方式來處理（Ⅶ→Ⅷ→Ⅸ→Ⅹ）。這是多麼浪費力氣的事！為什麼不讓兩個酮基同時反應？

　　你在這裡看到的是基本而且簡單的「保護基」概念：要讓分子某部分發生結構變化時，先把分子的另一部分塞住或遮起來，反應

之後才把保護基除去。首次合成立方烷時，伊頓和科爾擔心分子架構可能不穩定，所以才利用這個保護策略，以謹慎的小步驟來進行合成。

其實並不需要擔心這麼多，因為伊頓後來告訴我，實際上兩個酮基可以在同一個步驟中轉換成酸基。雖然他們第一次製造立方烷時，沒有嘗試同時轉換兩個酮基，仍絲毫不減他們在合成上的成就。這點正指出這項人類活動就和其他所有活動一樣，是具有歷史意義的，也就是說，雖然當時以試驗性步驟完成的事或許不如現在做的完美，但卻是人類第一次以智慧和雙手創造出來的。

合成是建造的過程，但它卻是「不必動手」的建造！它可不是像釘牢一個立方體形狀的木頭盒子，或甚至蓋一棟帕拉弟奧式（Palladian）別墅。而且，反應瓶中並不只有一個分子，而是十的二十三次方個。它們十分微小，全都亂衝亂撞，雜亂無章的做它們自己的事。但是平均來說，分子正受驅使去做我們要它們做的事，驅動力是我們加諸在反應瓶上的外在巨觀條件，和熱力學的強力指示；我們則藉由增加周遭的無序程度，來創造我們要求的局部秩序。

伍德沃得是偉大的合成有機化學家，這裡有段他寫的話：

天然物合成恐怕是有機化學中最活躍的領域，它提供我們對於科學條件與科學能力的估量。因為合成很少僅憑運氣就達成目標，即使是最勤勉或充滿靈感的純粹觀察，都還不夠。合成非得經由計畫來實行，而且對於合成能做到什麼地步，唯有運用一切可獲得的心智和物理工具，就計畫實際可行的程度加以劃定。無可否認，要成功完成包含多於三十個階段的合成，是對科學預測能力和對分子

與環境關係的理解程度，提出了極嚴格的考驗。

化學大師柯理（E. J. Corey）則寫道：

合成化學家不只是邏輯學家和策略家，還是有強烈動力去沉思、去想像、甚且去創造的探索者。這些添加的要素，能為他的研究提供藝術作品般的風格，這些要素難以編進基本合成原理的目錄中，但卻非常真實且極端重要……

這項主張還可以更進一步說明：大多數卓越的合成研究，必須在兩種不同的研究哲學間求得平衡。一是具體以我們既有的知識和理論為基礎加以演繹分析的理想；另一則強調創新，甚至玄想。所以我們可以料想到：合成問題只要足以挑戰合成專家的創造力、原創力和想像力，就會具有超乎常理的吸引力。

有趣的是，因為伍德沃得在合成上的熱情與風格，化學家於是認為「合成的藝術」的確是非常了不起的藝術。而柯理也寫了叫做《化學合成的邏輯》（*The Logic of Chemical Synthesis*）的書。

在打造事物的過程中，藝術和邏輯看似彼此以逆向拉鋸，而且還形成另一道主軸。但是從它們對於創造的貢獻來看，似乎還有另一種合成，是藝術和邏輯兩者的合成。

第22章

阿岡尼波噴泉

斯德哥爾摩市附近的林丁格島（Lidingö Island）上，有一座米勒斯花園，偉大的瑞典雕塑家米勒斯（Carl Milles）的作品在此有很好的展示。我最近造訪時從其中一組雕塑發現了新意，這組名為阿岡尼波噴泉（Aganippe Fountain）的作品原本主題很傳統，但米勒斯卻表現得極為獨特。阿岡尼波噴泉位於希臘赫利孔山的山坡，很多藝術家和詩人都從中獲得豐富的靈感。米勒把阿岡尼波描繪成女性，栩栩如生橫臥水池邊，身影映照在池中（圖22.1）。水池裡躍起了幾隻海豚，呈現出在飛躍中的拱形。其中有三隻海豚背上載著人，這三人分別代表音樂、繪畫和雕刻，水注就從海豚的尖嘴中噴出，畢竟這是噴泉，然而米勒斯是大師級的噴泉設計家。

阿岡尼波雕塑群在紐約大都會藝術博物館展出時，為該館中庭著實增色不少。這些雕塑的展出總能帶給我愉悅的感覺。在米勒斯花園裡看到的，其實是複製品，雖然它包含的人像較少，但依然令人喜愛。

噴泉是關於水的——包括水流動的動態、可分離性和結合性；

圖22.1　靠近斯德哥爾摩市林丁格島上的米勒斯花園中，由米勒斯雕塑的阿
　　　　岡尼波噴泉。

噴泉也是關於技術的——它包含真實與虛幻、自然的和非自然的事物。而這「自然」與「非自然」正是我在這裡想探討的：首先，我要說明，藝術家和科學家因某些緣故，對「自然的」和「非自然的」區別感到困惑；然後，我會證明這項區別是有依據的。

　　矗立在噴泉上的人像之一，是在海豚背上保持平衡的男人，代表了「雕刻」。他是真人大小，比外型縮小的海豚大得多。但是，這樣不成比例並無損作品的完美。那人正在跳舞，重力把他輕微下拉。在米勒斯的藝術中，擊敗重力一直是他想呈現的目標——而且這次還是在青銅雕像上！池中的水以幾道細水柱從海豚的尖嘴朝上噴出，再受自然重力而降下，噴灑在人像身上。人像的身體向後伸展，伸展出去的手上放置了一匹馬（對米勒斯的雕塑而言，「放置」並不是恰當的字眼；精確的說，應該是「平衡」）。馬只有這個人像的前臂大小，但雕塑得十分傳神，就像正在空中奔馳。最後一項對重力的挑戰，是在馬的頭頂上「平衡」著另一個更小的人——在水珠間飛翔、降落、再飛翔（圖22.2）。

　　在這件既是噴泉又是雕塑的作品中，有哪些是自然的，又有哪些是非自然的呢？它就像所有噴泉一樣，顯然是合成的、人造的和非自然的。它的存在是因為有人為了藝術的目的，而想出這樣聰明的技巧，把藝術和水力工程學結合起來，以操縱生命和大地要素之一的水。噴泉本身就是以水做為元素，形成的無與倫比的雕塑。這件雕塑噴泉之所以有趣的主要原因，在於它們能克服堅硬的青銅（或石頭）與看似自由流動的水之間，難以相容的關係。但是，這些元素怎麼可能整合起來，而且是在這種動態雕塑之中呢？

　　這個技巧在於，水並「不想」向上流，也「不想」在受限的通道中流動，更別提要通過海豚的尖嘴！但是我們利用精心設計的機

圖22.2　米勒斯雕塑的阿岡尼波噴泉裡的兩個細部圖。

制，把水引入通道，再用幫浦把水加壓噴出，使它從噴出處筆直上
流。幫浦、水位計、水閘和活門——天啊，這全都是人造的隱藏結
構！人工合成的極致不過就是如此吧？

　　這些噴泉的塑像是以青銅鑄造的，而青銅本身就是人造的，
不是嗎？青銅是銅和錫的合金（或許還包含微量的鉛和鋅），是人

類歷史上十分重要的合金，青銅器時代就是因它得名。這種合金比它的組成元素堅硬且容易鎔合。這些組成元素依序從礦石裡熔煉出來，經由人和機器以冶金法精煉。銅和錫的礦石如藍輝銅礦、赤銅礦、錫石等等當然是天然的，但是它們並非始終一成不變的埋在地底。它們的形成是受到外力的作用，而這些外力可能比人類冶金術的力道微弱，但卻歷時長久（地質化學）；也可能比冶金術的影響強大，但歷時短暫（如宇宙最初幾秒鐘的核轉變）。

　　因此，這裡提到的米勒斯噴泉、天然礦石、非自然的金屬熔煉和混合技術，以及被自然的人類以顯然非自然的雕塑行為，來操縱最自然的元素——水，及建造出人、馬和海豚的自然形象。這一切在我生物的眼眸中感知：它是一座令我感到欣悅的噴泉；並且，我能拿它和我未曾親眼目睹，僅從天然但加工過的紙頁上看到的羅馬噴泉做比較。所以，對於區分自然與非自然物質的任何假想，不只在我們檢視米勒斯的噴泉時會感到混淆不清，當我們以美學或科學仔細分析我們經驗中的任何事物時，也是如此。

第 23 章

自然與非自然

　　科學家，尤其是化學家，或許會喜歡前一章的結論。因為他們製造「非自然的」（有時甚至是非常危險的）物質，而覺得受到社會大眾的圍攻。一項媒體的粗略調查顯示：一提到化學，人們總一致使用負面的措辭來形容它。「會爆炸的」、「有毒的」和「具汙染性」之類的形容詞，簡直就與化學物的名字形影不離，成為常用語。另一方面，大家對「自然的」、「有機培養的」和「不含雜質的」等形容詞，往往賦予正面意涵；相對的，合成品似乎頂多只能算是「有條件」的好。

　　不過，合成品卻經廣泛製造和購買；這是因為它們的確能保護我們、醫治我們、使我們的生活更加便利、有趣、多采多姿。但是，化學家卻依然收到來自社會各方令人挫折的矛盾信息，例如經濟上的利益和報酬，會伴隨媒體和某些知識份子的謾罵。我很想知道，這種情形是否有點類似中古時代歐洲人對猶太放款人的態度。

　　有人或許會建議化學家應該專心致力於純化學研究，不要去承受罪惡負擔，那些罪惡經常是貪婪、甚至不道德的製造商和販賣

危險化學物品的商人製造的。但是，這本身就是值得廣泛討論的主題；它也許正確，也許錯誤（我想二者皆有）。事實上，許多化學家覺得，媒體和社會不僅對商人表現出負面觀感，對於化學和化學家也持同樣的態度。

我們也應該對「人造的」、「合成的」和「非自然的」這些字眼加以區別。當我們習慣賦予一個常用字詞延伸含義，就很難把這個字詞的原意單純獨立出來。就如從「人造的」到「非自然的」，這些詞意顯然摻和了許多負面聯想。然而，我仍然交錯使用這些詞；因為，我認為在論及化學物品和人們的對話裡，這些詞正是這樣使用的。

化學家也許會喜歡一項似乎無可抗拒的事實，那就是：在任何人類活動（如藝術、科學、商業或育幼）中，硬把自然的與非自然的事物分開，是非常不合理的。因為任何試圖分離這兩者的過程，原就存在著意義模糊之處；所以自然與非自然無可避免會相互糾纏。

根據我的經驗，曾經認真思考過自己職業的藝術家，並不會反對我把非自然的事物評為「藝術和科學二者之共通橋梁」。甚至某些藝術家，如史特拉汶斯基（Igor Stravinsky）還在他寫的《音樂的詩意》（*Poetics of Music*）中，嚴詞抨擊「自然的聲音就是音樂，或音樂應該模擬自然」的概念：

我體認到，自然力產生的大自然聲響的確是音樂素材，是令人喜悅的，它們親吻我們的耳朵，帶來極為徹底的歡愉。但是我們應該超越這種被動的享受，去發現音樂——那種能使我們主動參與心靈運作的音樂；因為我們的心靈能掌管並豐富生命，還能創造新事

物。我們將會在所有創造的根源中，品嘗到與地上生長的果實不同的另一種風味。

　　化學家就像我一樣，會繼續建立這類議論。他們會說：所有物質，比如水、青銅、青銅上的銅鏽、米勒斯的雙手和我的眼睛，都具有更微觀的結構，它們是由分子組成的。那些組成原子和它們在空間中的排列，賦予這些微觀物質各種物理、化學和生物的性質。如我們先前提過的，細微到互為鏡像分子的差異，就足以影響到它是否是甜的、是否會使人上癮，或是否是毒素。

　　現代生物化學的優美之處，許多是在於它闡明了自然生物過程中的直接作用機制，例如氧分子是多麼精確無誤的與我們紅血球中的血紅素結合；但為什麼一氧化碳分子對紅血球的結合力更好呢？再如尼龍取代了絲襪中的真絲並非只是巧合，而是在分子層次上，這兩種聚合物的組成和結構（醯胺基和羧基；摺狀的薄片結構；氫鍵……）具有相似之處。當代化學的一項非凡智力成就，就是對分子結構的理解，這些分子涵蓋了純水到青銅合金，或是我眼睛裡視錐上的視紫紅質。

　　但是，為避免科學家會因此太過得意了，我想繼續對「自然的」與「非自然的」兩者之間的區分問題做辯護。這種劃分在歷史上的確有持續存留的理由。任何假設而來的「合理性」，都不能讓智力上真正關心的事消失；這類劃分以同樣份量，持續存在於科學家跟其他人心中。

　　化學上對「自然」與「非自然」的二分法，有段有趣的歷史。

　　在1845年由柯爾貝（Hermann Kolbe）首次以人工合成醋酸，證明了：自然生成的物質可從完全無機、沒有生命的來源合成。從

此對於早期「有機」和「無機」物質之間的區分方式，就被撇到一邊去了。請注意，這裡強調的細微差異是「有機」相對於「無機」，而不是「自然」相對於「非自然」，而無論有機或無機分子都需要經由人為操作，才能證明它們是絕對相同的。

物質的絕對相同性，到今天仍然是受爭議且具有經濟價值的話題。舉例來說，一般化學家會蔑視健康食品宣傳「從玫瑰果精煉得到的維他命C，與合成的維他命C不同」的說詞（並且還以高價販售）。但持這種蔑視態度的化學家，就讓我們叫他甲先生吧，在同行乙先生提出報告說，甲先生的分子合成並沒有再現性時，會非常不悅。不能再現的原因可能是合成過程中，甲先生在製備某種試劑時，意外攙雜了一種催化劑；但這種「骯髒的」催化劑卻使甲先生的反應得以進行，而乙先生的反應瓶裡則因未含這種催化劑，而沒有反應發生。

至於合成的純維他命C，應當與天然的維他命C完全相同。但是就千分之一的濃度而言，從玫瑰果製造出來的維他命C，當然不會與由化學商製造出來的維他命C完全相同。我並非暗示它們之間有什麼重要的差異，只是要提出：按理說來，物質會因必然存在的不純度，而有所差異。

化學家或許會沉思一項事實：撇開化學上不恰當的有機與無機、自然的與非自然的劃分方式不談，在化學家自己的語言和社會結構當中，二分法自有其生命。例如，從事分子買賣這行的人會說「天然物的合成」（也就是合成出在自然界可發現的分子），以便和合成從未出現在世上的分子有所區分。但是，顯然沒有化學家會用「非自然的產物」一詞，除非把它當笑話來講──這樣稍拘謹的幽默用語，洩露出化學家經常在這類話題上，隱藏著某種模稜兩可的

圖 23.1　維他命藥丸（Ken Whitmore 攝）。

感覺（正如幽默的話語裡時常呈現的）。

　　化學家也把生物化學這個學科區隔出來，雖說生物化學探討
的是活的生物體中，基本化學過程的本質和機制。生化學家經常致
力於把生化過程化約成一系列個別的化學作用，以了解它們的作用

機制。但是，專門研究這些個別基本步驟的有機、無機和物理化學家，卻很少能在生化學系得到一份安穩的差事。反倒是合成化學家因提出「仿生學」的方法，也就是模仿自然反應的合成反應程序，而得到認同。「生物的」（bio）這個字首顯然帶有某種心理的和社會的價值。這種專業上的劃分和範圍的限定，持續賦予自然與非自然二分法新生命，即使在化學的範疇中也是如此。

第 **24** 章

外出午餐

科學家的人品也是明顯可見的。以下的故事情節,是我模擬最近的幾次經歷,編寫出來的。

不久前,我接受某大型化學公司總裁的邀請,前去午餐。我們到一家新開幕的豪華餐廳,這間餐廳以他們能把傳統法式料理引進美國為榮。餐廳裡的椅子是用材質輕巧的木頭做的,加上細緻的籐編,餐巾摸起來像是細亞麻布,你還可以欣賞到插花師傅以鮮花展現的花藝風格。

當時我正準備來一個小型座談,內容包括平凡的客套話和一些傑出的科學研究成果。而接待我的這位總裁卻開始滔滔不絕,情緒化的大肆指摘某群年輕人,以發洩情緒;因為在當天早晨的記者會上,那些相當於歐洲「綠色團體」的美國年輕人,當場給他難堪。

那些毛頭小子(他不斷提到他們)在總裁提出一項新式農藥製造設備的興建計畫後,主控了全場的公開討論。他們質問總裁,該公司是否已對將生產的農藥之誘發突變性,做過充分檢驗?年輕人並對該公司的排水道管制提出質疑。他們以帶有侵略性、並且在這

位總裁聽來是妄尊自大的口氣提醒他，該公司先前的另一設備曾造成意外事故。

總裁認為，毛頭小子的批評，充滿了既不科學又沒有理性的恐懼；似乎毛頭小子懷疑他提出的除蟲藥——象鼻蟲防治劑，是否真有需求，他們認為天然生物防治法就已足夠了。這使得這位身為傑出化學家，顯然也是優秀實業家的長者，十分不悅；或許也是因為他必須在記者會上按捺住自己的不悅，此時才會如此激憤。他對這些人的亂七八糟目無法紀，感到氣憤，並且對我暗示，他們背地裡有組織在運作，帶有政治動機。

美酒佳釀確實使這位總裁平息了一些；先是紐約州出產的白葡萄酒，然後是聖埃米利翁佳釀。喝完白酒之後，他已能談笑風生的提起剛在奧地利發生的假酒摻混醜聞（摻入抗凍劑乙二醇來增添酒的甜味）。他還很高興的向我談到他在骨董店裡的發現——一個不尋常的印第安提籃（我們兩人對美國土著藝術有共同的興趣），這才轉移了先前的話題。午餐後，我們漫步在餐廳四周的花園裡，讚賞正在盛開的紫色及黑色的鬱金香。

第 **25** 章

為何對自然事物情有獨鍾？

在以下的故事情節裡，我們不再需要商業總裁和新奇摩登的餐廳了。不過，我猜想那些強烈支持「自然與非自然的事物無法分開」的人，一回到家裡，他們的房子一定敞開美麗的窗戶，而不是改掛大幅外國風景畫；他們家裡一定栽種了真正的植物，而不是擺設塑膠和布料做的人造植物；他們不會用日光浴室取代在阿爾加維（Algarve）或巴哈馬群島上做日光浴；他們會避免用惱人的塑膠屋瓦，也不讓仿木紋的塑膠皮出現在餐室的家具表面；他們還會抱怨歐洲經濟共同體企圖對他們生產的啤酒加工。

就我看來，這似乎很清楚的顯示那些抱怨其他人「不講理、不能理解自然與非自然事物無法分開」的科學家或是技術專家，其實在日常生活中，依然對自然與非自然事物懷有差別待遇。

所以讓我們想想，為什麼不管我們是誰、從事什麼行業，我們都會偏好自然的事物？我認為有許多交互關聯的心理和情感力量在運作，其中我可以標出六項，即浪漫、地位、疏離、偽裝、相對量的多寡以及精神。

浪漫：在柴可夫斯基的歌劇《黑桃皇后》第二幕中，穿插了一段假面劇或稱田園劇的〈忠實的牧羊女〉。劇中達芙妮絲和寇樂在仿莫札特風格的美妙二部曲中，歌詠沉浸在大自然中的歡愉。

田園劇的傳統就像噴泉的存在一般久遠。這種傳奇文學來自人們對已不存在或不可能的事物，所做的不切實際努力。田園劇甚至是使人遠離田園事物的方式。它以既不真實又不自然，但令人著迷的方式詮釋自然的事物，因為這種矛盾，田園劇雖廣為人接受，卻唯獨那些真正在田野中營生的人完全無法接受。正如真正的皇家宮廷已不復見，只留存浪漫傳統。

我們渴望的，是去接觸大自然，追尋真實的樹木、稻草的芬芳和航行中清風拂面的感覺。至於臭不可當的馬廄氣味，或既骯髒又嘈雜的火車站，則不是重點。而我看見電影中英格麗‧褒曼在火車站向萊斯利‧霍華德（Leslie Howard）道別的鏡頭時，因為我熟知所有火車站的樣子，我感覺得到火車站的一切。至於我心中馬廄的氣味，也一點都沒改變。

地位：合成物品真正的成功，是因為相對於一些天然物而言，它們具有成本較低、耐用性較高、較多變化或具有新功能等優點。這是聚合物的世紀，大量的合成分子取代了一種又一種天然的物質：在魚網的材質上，尼龍取代了棉線；在船殼的材料上，玻璃纖維取代了木頭。這種取代和新用途（例如：用聚乙烯當成食物的保鮮膜）是一項永久的平民化過程，而且有愈來愈多的物質可以用更廉價的方式，提供給更多人，像是浴廁用水的輸送、廢物丟棄、更多種色彩、更佳的保護、減少分娩時和嬰兒期的死亡率等等。這一些在幾百年前只有少數人才能享受到的奢侈品以及必需品，如今有

更多人能獲得了。

　　但人類就是很奇怪，一旦得到了某些事物，就會想要更多。或說他們只不過想擁有比別人更好的東西。當合成物品變得不再昂貴，而且人人可取得的時候，對事物的品味就出現了令人好奇的**轉變**：時尚領導者一聲令下，自然材質就給冠上更多的精品標記。要是他們認定棉質襯衫的質感，感覺比「永久免燙」的混紡來得華麗，那麼棉比混紡高級的說法便開始大行其道；所以木質地板當然會被認為比油布地氈高級，而且採用的木料是愈稀有愈好。

　　當然，我這麼說或許並不公允。也許蠶絲真的是比尼龍「感覺」好，而且我們也並不是想要比別人優越，只是想顯示自己有那麼一些些與眾不同罷了。「自然」以它千變萬化的性質，提供我們營造與他人略微不同的可能選擇。

　　疏離：我們變得逐漸遠離一些工具，也遠離我們行為所造成的結果。從裝配線上一成不變的工作、內衣銷售、甚至是在科學研究中，都可以體會到這點。我們僅僅致力於事物的一部分，而非整體。為了講求效率，我們重複操作，甚至可能完全失去興趣。堆積如山的文件，把我們與受我們行為影響的人隔絕。圍繞在我們周遭的是日漸增加的機器，但是我們卻不懂機器的運作方式。我懷疑同僚中有幾人能做出像馬克吐溫筆下，亞瑟王宮廷裡康乃迪克州北佬所做的事，那些人單從已知的所有偏微分方程式，就能把整個科技重建起來。但是對我們而言，我們只知道一按按鈕，電梯就來了。更糟的是，我們一按按鈕，飛彈就發射出去了，只有受難者才見得到血光。

　　合成的、人造的和非自然的事物，幾乎始終就是工廠內大量製

造的物質，因為大量製造所以價廉。為求大量製造，所以必須重複
打印、鑄造或壓製，而以這種方式製造的物品顯然是完全相同的。
理論上它們的設計可能還不錯，但實際上卻可能會因為經濟的理由
而犧牲設計。

典型的量產物品，極少能顯露出它所經歷的製程。例如，四
環黴素這種抗生素，是從活的微生物培養分離出來的，經過化學修
飾、純化，並且經由優良的新式工具和裝置予以包裝。但是，一瓶
五十粒的四環黴素藥丸，卻把這大量產物背後的創造力，和人類利
用自己設計的工具製造它們的過程，隱藏起來了。

我們內心深處渴望看到這些產品上有手作留下來的特徵，而有
些聰明的辦法確實可以讓大量生產的物品個性化。我想到百水（F.
Hundertwasser）在複製畫（售價並不便宜）上做了一些色彩變化，
或林德柏格（Stig Lindberg）在1950年代，為瑞典的古斯塔夫史柏
格（Gustavsberg）陶瓷公司設計的、令人見之心喜的陶器。我認為
這些使物品個性化的方法，值得鼓勵。

偽裝：對人類來說，造假有強烈的負面意味。說謊話和偽裝
成他人都是不正當的。合成化學世界裡的物品泰半是非自然的，這
不僅因為它們是人工製造的，還因為這些化學品經常偽裝成別的事
物。某種程度來說，把某些熟悉的事物，用其他外觀看來差不多、
卻較堅固耐熱的合成品取代，成了很自然的結果。所以，我們會看
到塑膠盤子上繪有瓷器的花樣，家具表面的塑膠皮模仿木頭紋理；
還有人造餐巾會模仿亞麻、蕾絲和刺繡品（圖25.1）。

有一種名為大理石繪的古老行業，我從研習過這門高尚技藝的
一位年輕人那兒聽說，要想專精此藝，不僅要深入研究大理石，作

圖 25.1　塑膠盤上古典的瓷器花樣、模仿蕾絲的紙製小圓墊、仿效波斯綴錦
　　　　花樣的紙餐巾。

畫時還要想到使大理石成形的地質作用力。如今,某些大理石繪確
是極品,但也有許多是粗濫仿製的。然而,一旦模仿過度,就無可
避免的令人嫌惡,所以人們開始渴望獲得真正的真品。

　　相對量的多寡:這世上同一件事物可能有許多個。當第一個塑
膠菸灰缸或錫製珠寶首飾出現時,看來很有趣;但是當愈來愈多相
同的事物侵入我們的周遭,很快就會使人厭煩。大量生產的物件給
予我們的印象,就只是反覆量產罷了(這也是它在經濟方面成功的
主因)。

　　有時候使我們厭惡的,是充斥在我們周遭那些過多的人造物

件，而不是同一件物品一再出現。舉例而言，典型的美式汽車旅館房間裡充斥了人造物品。在這種旅館的室內裝潢中，有各式各樣塑膠和玻璃纖維製品，若當成聚合物課程的實例範本，或當我們思索這房間將會給未來考古學家帶來的難題時，這屋子就顯得十分驚人，甚至充滿智趣。但是，這種擺設卻很難吸引我們。

精神：是什麼力量使科學家，其實是我們大家（因為科學家與常人無異）去追尋自然的事物？事實上，絕沒有任何心理學或社會學上的簡單解釋，足以回答這個問題。

深具洞見的科學家馬力修（Jean-Paul Malrieu）曾寫道：

亞麻布是我們、我們的祖父母、遙遠的祖先和神人與歷史所共有的，至少想像上是如此。這是一種崇高與珍貴的感覺。因為我們屬於這道生命的長河，而且我們會記住自己並不是要衝進最終的海洋。樹木和石頭對我們而言也是如此，每日與它們的接觸，提醒我們還有其他形式的生命，還有遠在人類尚未宣告來臨時，地球就已經歷的各個時期。像我們架子上的陶器，就正對我們訴說著別的地方、別的部落和別的需求，以及訴說關於陶土的事。

生物學家威爾森（Edward O. Wilson）在他的「親生命假說」（biophilia hypothesis）中，曾提出一套遺傳和演化的論證，他認為人類對所生活的世界自有一種強烈的親和力。在我聽來，這的確是真理。

伍德（Laura Wood）閱讀過我的手稿後，指出人們對環保問題會抱持這麼強烈的情緒，是因為「對某些人而言，這是深入精神層

面的問題……正因為精神充滿在物質之中，所以這個世界本身是神聖的，並且應該受到尊重」。

我相信我們的靈魂對於冒險的、獨特的和生長的事物（也就是生命），存有天生的渴求。就在靠近米勒斯花園的瑞典花崗岩峭壁的縫隙之中，我見到一株冷杉企圖在顯然沒有頂土的環境下生長，這使我想像著這株冷杉或它的後代，最後將如何把那岩塊劈開。而看著那些企圖在我辦公室裡生長的植物，也使我聯想到那株冷杉；甚至是書桌上的木材紋理，也向我訴說著那株冷杉，儘管它訴說的是關於死亡的故事。

我見過小嬰兒在吃奶後那副滿足的模樣，嬰兒的微笑為我開啟了一條神經通路，使我回憶起我的孩子在孩提時微笑的模樣，想到小鴨子跟在鴨媽媽屁股後頭形成一列隊伍，繼而又聯想到那棵冷杉。誠如詩人安蒙思（A. R. Ammons）所說的：「在我心中吟唱著的天性，也就是你天性的韻律。」

第 **26** 章

傑納斯和非線性思考

那麼，化學本身如傑納斯肖像（見第 26 頁的圖 1.3）般凶惡的那一面又如何呢？其實，我認為大眾對化學的看法，並沒有像化學家想的那麼壞——如果你同意人類的思考是呈非線性的話。人們可能對同一事物又愛又恨，既恐懼又重視。

我還記得在我波蘭故居後院殺雞的方式，至今我仍對那種記憶感到戰慄恐懼；我喜歡雞肉佳餚，但我可不想看雞被殺的樣子。或者拿人們對醫生的態度來說吧，我生長在移民的中產階級猶太家庭，這種家庭裡的父母都希望孩子當醫生。但是，如果你去聽聽他們怎麼談論醫生的，你就會聽到一連串叨叨不休的抱怨，像是醫生誤診啦，沒有人情味啦，以及他們只對錢有興趣等等。

許多人都畏懼化學，但是這些人也一樣重視化學療法和聚乙烯。所以當你遭到似乎非理性的環境學家攻擊時，我請你先做個深呼吸，緩和血脈賁張的情緒，並打開心胸來接納他（這些話是對我的化學家同行說的）。其實並沒有人在攻擊你。那位環境學家只是不希望我們的居所變得骯髒汙穢，你不也這樣希望嗎？我厭惡人類

因宗教、種族或政治而傾向極端；像這種雙方對峙的極端狀態，不該是「我們」對應「他們」的關係（這裡的「我們」是指任何人，「他們」指的是那些沒理性、對我們的生活方式妄加非難的人）。其實，在「我們」裡面有許多「他們」，所以即使化學家知道生產化學藥品能使人類延壽，但還是會被腐爛的化學廢棄物所激怒。

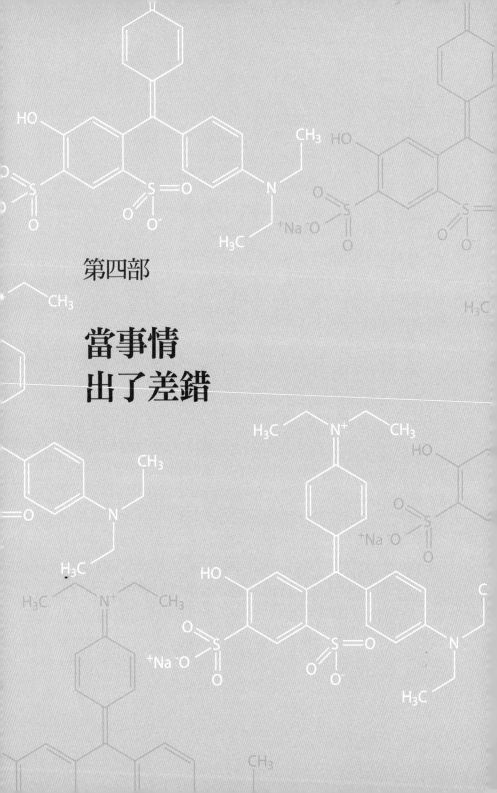

第四部

當事情
出了差錯

第27章

沙利竇邁

　　格蘭泰藥廠（Chemie Grünentha）是戰後德國的許多新興小型製藥公司之一。起初它替別的公司製造抗生素，但是在1950年代，它大膽投入自行改良盤尼西林的生產事業。由於當時德國藥品市場相當開放，藥物的功效及安全性都不需經過非常仔細的檢驗，而且幾乎任何藥物都可以在商店櫃臺買到。至於產品成功與否，一半靠廣告和行銷，只有一半是靠實際的功效。

　　1950年代有兩種鎮靜劑上市，商品名叫做「煩寧」（Valium）和「利眠寧」（Librium），一上市就大獲成功。次頁圖27.1顯示的是二氮平（diazepam，也就是「煩寧」）和巴比妥（barbital）的結構，巴比妥的商品名是佛羅那（Veronal），是常見的巴比妥酸鹽鎮靜劑。鎮靜劑市場大有賺頭，製藥公司當然很樂意去探索和這些分子在化學特性上類似（即使只有約略相似）的化合物。

　　就規模來說，格蘭泰藥廠只有由穆克特（Heinrich Mückter）博士領導的一個小型研究部門。1954年，部門裡藥劑師出身的化學家昆茲（Wilhelm Kunz），合成出圖27.2的分子，化學名稱是氮鄰苯

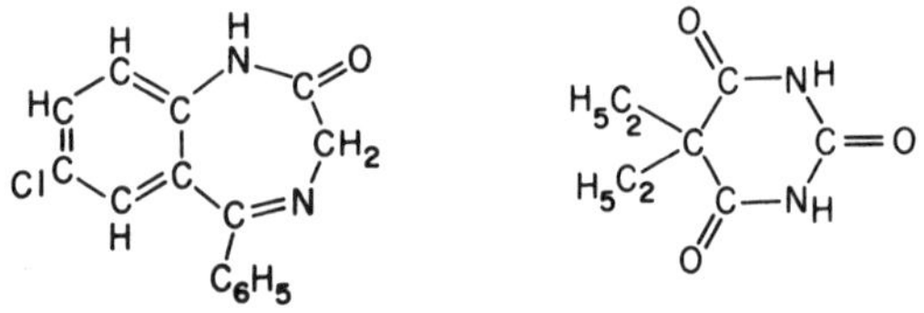

圖27.1　二氮平（左）和巴比妥的結構。

二甲醯亞胺基戊二醯亞胺〔（N-phthalidomido）-glutarimide〕，也就是「沙利竇邁」。請注意，這個分子乍看之下與圖27.1的兩種鎮靜劑很相似。但請再仔細看，沙利竇邁的結構中有一個碳原子，周圍環繞四個相異的基團（圖27.2中以星號標記處），這表示它擁有對掌性結構，也就是擁有彼此無法重疊的鏡像物。沙利竇邁就是以這兩種對掌體混合物的形式，應用在醫藥上。

　　由於沙利竇邁和二氮平、巴比妥結構相似，遂使格蘭泰藥廠的研究員說服自己相信，沙利竇邁也具有良好的鎮靜作用。我這麼說是因為，後來的研究無法證明他們宣稱的鎮靜作用屬實。不過，

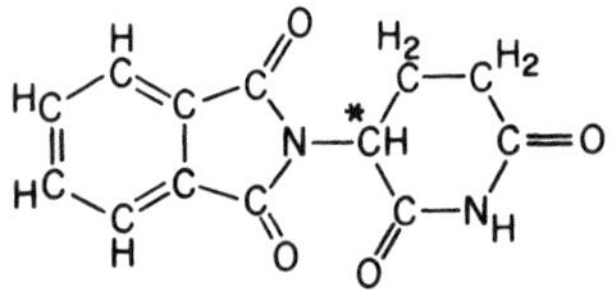

圖27.2　沙利竇邁的化學結構。

沙利竇邁的毒性很低，這點鼓舞了製造商將它推上市。這項藥物是在1956年，以治療呼吸道感染的藥物組合物成分之一，首度引進市場，隨即便在德國直接用做鎮靜劑，並摻入許多種組合藥物中出售。

　　由於格蘭泰藥廠需要已發表的論文來證明這項藥物的用途，所以他們企圖取得這方面的論文。該公司的檔案裡，就有一份來自藥廠駐西班牙代表的報告，內容是關於某位醫生「宣稱他已準備好要寫一篇關於沙利竇邁的短篇報告，不過他願意把最後定稿的工作保留給我們」。

　　1959年，美國公司理察森—梅里爾（Richardson-Merrell）試圖獲得格蘭泰藥廠特許來銷售沙利竇邁，為此該公司的醫藥總裁柏吉（Raymond Pogge）博士，說服了辛辛納提市的努爾森（Ray O. Nulsen）醫師，對這項藥物進行「試驗」。以下是努爾森在後來的審訊中陳述的部分供詞；而其中的史班金柏格（Spangenberg）則是當時在賓州東區地方法庭開庭前，受理這項供詞的檢察官。

　　史班金柏格問：「醫師，我注意到他（指柏吉博士）曾要求你馬上開始試驗，並且交出報告。你有沒有這份報告的複本？」

　　努爾森回答：「沒有，這些報告全是用口述的。」

　　努爾森隨後又說他曾經「在打電話、一起吃午飯，或一起打高爾夫球的時候」把試驗的情況告知柏吉博士……

　　這項研究結果最後以努爾森醫師的名義發表，刊登在1961年6月份出版的《美國婦產科期刊》（*American Journal of Obstetrics and Gynecology*），論文的標題是〈沙利竇邁對有關妊娠第三期的失眠現象之試驗〉。這篇相當詳細的論文裡，提出了以下結論：「沙利

竇邁是安全、有效的安眠藥；它似乎能滿足本論文所列舉，對於妊娠末期適用藥物的要求。」

史班金柏格問：「努爾森醫師，這篇論文是誰寫的？」

努爾森回答：「是柏吉博士寫的，我提供給他所有的資訊。」

這位檢察官針對另一項疑點又問道：「你的論文裡引證了大約六本德文期刊和教科書的內容（努爾森不懂德文），你曾經讀過這些文章嗎？」

努爾森回答：「我沒有讀過。那是別人提供的。」

史班金柏格又問：「除此之外，你還引用了另一位醫生曼達林諾（Mandarino）的文章，並且在引用處加上注腳『待發表』。你曾經看過曼達林諾的這篇文章嗎？」

努爾森回答：「我不記得曾經看過。」

雖然結果證明，沙利竇邁在妊娠第三期使用是安全的，然而很不幸的，這段引述正代表當時格蘭泰與其相關公司的研究品質。

休斯壯（Henning Sjöström）和尼爾森（Robert Nilsson）這兩人，曾積極參與沙利竇邁事件的訴訟過程，在他們所寫的一本頗具殺傷力的書中，引述了另一件事：

1961 年的上半年，格蘭泰公司得悉新加坡有一位周醫師，成功利用沙利竇邁治療妊娠婦女。但報告中卻沒有任何有關受治療婦女的妊娠階段、使用劑量或治療頻率的細節。最後，也最重要的是，那份短篇報告只提及對於孕婦本身的影響，卻沒有提到任何對胎兒可能造成的傷害。儘管缺少這些細節，格蘭泰公司醫藥科學部門的主管華納博士，仍寫了一封公開信分送給世界各地的合夥商，表

示：「新加坡的一家私人診所，將舒服能（Softenon，沙利竇邁的商品名）施用於妊娠婦女身上，她們對這項藥物的耐受性良好。」

1958年，慕尼黑的布萊修（Augustin P. Blasiu）醫師，在德國《臨床醫學》（*Medizinische Klinik*）期刊上發表了一篇論文，他寫道：「在母親和嬰兒身上，均未發現副作用。」但這是他對三百七十位授乳期的母親病患施用沙利竇邁的結果。於是，格蘭泰藥廠又把引述布萊修研究的一封信函，發送給四萬零二百四十五名醫師，信上敘述沙利竇邁在當藥劑時「並不會傷害母親和小孩」。

1960年，德國和澳大利亞的醫生注意到，一種罕見的新生兒畸形發病數突然大幅增加。那是所謂的海豹肢畸形（phocomelia），這種病人的手和肩膀連接在一起，腳則和髖骨連接，就像海豹的鰭形肢一樣。在此之前，這種異常的病例十分稀有（統計發病數為四百萬個新生兒中，有一個病例），也因此大多數的醫生從未見過這樣的病例。

因沙利竇邁引起的症狀還不僅於此。讓我引述在加拿大發表的一個關於養育沙利竇邁兒的研究：

四肢缺損雖然是最常見和引人注意的異常病徵，但它只是該徵候群的其中一個要素而已。主要的外部缺損有眼部缺損（單眼或雙眼缺損），與顏面部分癱瘓有關的小耳症（外耳短小），鼻梁塌陷，前額、面頰或鼻子上的血管瘤。內部的缺損則發生在循環系統、泌尿生殖系統和腸道中，以及肝和肺的異常分葉，股髖錯位，併指（手指間或腳趾間併黏在一起），馬蹄腎，兩角狀子宮，閉鎖畸形（體內正常應為開放的管道反而閉鎖），以及缺少膽囊。

　　西班牙畫家哥雅（Francisco de Goy）是對這世上的黑暗面頗具
先見的探索者，他畫了一幅先天海豹肢畸形的病例。見圖27.3。

圖27.3　哥雅的水彩畫《一位母親讓兩名婦女看視她的殘障兒》，為羅浮宮
　　　　蒐藏，本圖經許可複製。

　　大約有八千位帶有海豹肢畸形或相關異狀的兒童，活活的生下來。他們大多在德國和英國，但在其他二十餘個國家，也有病例報告出現。唯有當證據增加到無法再託辭辯白，並且公諸於報章以後，格蘭泰藥廠才於1961年11月，把沙利竇邁從德國藥品市場上撤出。全世界各個經格蘭泰藥廠授權銷售這項藥品的公司，也陸續回收產品，只不過動作出奇緩慢。

　　這種恐怖畸形，真的是由沙利竇邁造成的嗎？在這場災難之後進行的動物試驗，清楚顯示這種藥物會導致畸胎。輝瑞藥廠做的猴子試驗就顯示：若對懷孕母猴在某個特定的妊娠前期施予沙利竇邁，會導致每個胚胎都畸形。

　　你想要其他的證明嗎？那麼，請你仔細檢視圖27.4，它顯示的是「德國沙利竇邁型的先天畸形病發數」和「沙利竇邁的銷售量變化」，圖中這兩者都經過正規化，使它們最高點的值相同。

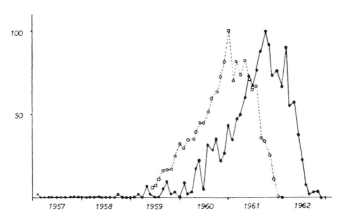

圖27.4　實線代表沙利竇邁型畸形的病發數（最高點1961年10月份的數據，經正規化為100），虛線代表沙利竇邁的銷售量（最高點1961年元月份的數據，經正規化為100）。

現在，我們必須面對這個恐怖事件所引起的問題了。

化學災難

　　沙利竇邁事件是一樁化學災難嗎？整個事件裡似乎只出現了一位化學家，也就是昆茲。但很顯然，在德國格蘭泰藥廠被起訴（1967年至1970年）的過程中，他並不在被告之列，最終這件訴訟案，因該公司和「沙利竇邁兒」雙親之間以賠償達成和解，而宣告失效。本案中七位主要人物，有五位是醫生，而這家藥廠欺騙大眾的事實，主要是由這些醫生，還有藥廠所有人和管理階層共同操縱的。所以，又怎能將這件事歸咎於化學？

　　但是，我認為應當讓化學來分擔這件罪過的理由有兩項。首先，因為沙利竇邁是化學藥品。其次，化學家總喜歡嚴責大眾對於區別自然物與非自然物的無知，其實化學家這麼做是對的。但在教導大家所有物質的化學本性、以及說明自然物有時會對人有害時，千萬不要企圖隱瞞合成物有時也會對人有害的事實。像沙利竇邁就是一個例子。

　　而今，世界各地的人們會碰到各種各樣的「化學災害」。有印度博帕爾（Bhopal）氰化物洩漏事件、有載運苯和氯的液櫃列車出軌事故，還有DDT以及氟氯碳化物災害。至於曾在日本發生的汞中毒事件，目前正在巴西發生。可能的話，我還可以就其中任一事件提出來討論。每個事件裡，我們都可以說這不是化學或那也不是化學，來為化學辯白，或甚至辯稱化學仍扮演正面的角色，例如：想一想，氟氯碳化物和臭氧耗盡的關聯，不正是羅藍得（F. S. Rowland）和馬利納（M. J. Molina）這兩位化學家發現的嗎？

在這些事件中，是經濟和貪婪支配了一切。但是，如果化學家想在貿易順差的貢獻和潰瘍藥泰胃美（Tagamet）的發明上居功，就必須甘願為過失負責，好吧，至少總該接受部分指責吧。但是，正當他們製造出的藥物對人體有害的報導潮湧而來的時候，格蘭泰藥廠（或其他公司）的化學家，竟沒有人站出來對該公司行為，表達公眾的疑慮，而是完全不吭一聲。只有其他醫生和立場自由的報章雜誌，把公眾疑慮表達出來。

沙利竇邁事件中，還有一個不尋常的化學觀點，就是這分子中有一個碳原子由四個不同的取代基包圍。因此，沙利竇邁是具有掌性的，這意味該分子是以不同的對掌體混合存在。當初製造沙利竇邁的化學反應，產生的是等量的左旋和右旋分子，而藥廠的化學家居然讓它就這麼混合使用。某些具爭議性的跡象顯示，這兩種對掌體在導致畸胎的能力上極為不同。不過，由於其中那種無害的掌性分子在生理條件下，也會轉變成有害分子，使得這件事變得有點兒複雜。唉，這世界可從來就不曾簡單過。

同一分子的鏡像形式，卻具有不同生物活性的明顯事例，比比皆是。比方說，右旋的青黴胺廣泛的用於治療威爾森氏症、胱胺酸尿和類風濕性關節炎，但是它的鏡像異構物卻會造成嚴重的反效果。肺結核藥物乙胺丁醇（ethambutol）的鏡像異構物，則會造成失明。假使當初止痛劑苯惡洛芬（benoxaprofen）是以單一的掌性形式銷售，或許可以防止另一個掌性化合物造成的災害。由於這類事件頻傳，引起藥品管制的壓力，壓迫藥商對藥品是否為純粹的單一對掌體形式進行檢驗。有些化學家和製藥公司對此大為反彈；但是其他人卻已看到，設計這種對掌體的合成，所含的創造力和利益。

　　1993年，美國銷售量排名前二十五的處方藥，總銷售金額高達美金三百四十四億元。這些藥品中，有25%是非掌性的分子，11%是兩種鏡像異構物的混合物，64%則以單一對掌體售出。如今，單一掌性分子所占的比例不斷增加，而鏡像異構物混合物的比例相對削減；遲早所有具掌性的藥物，都會以單一對掌體的處方形式出售。

劣質科學

　　無疑的，格蘭泰、理察森—梅里爾和其他幾家公司引發的事件，不過是劣質科學引起的災難，可不是嗎？再看看那些由西班牙、美國和華人醫生提供的引證吧！要是他們把科學處理得夠好，或者至少夠坦白，這些不幸的事就不會發生了。

　　事實上，在大型藥廠中，對新藥做導致畸胎性質的動物測試是例行工作。羅氏藥廠（Hoffmann-LaRoche）的羅氏實驗室（Roche Laboratories），就曾在1959年發表新藥利眠寧對生殖系統影響的研究。華萊士實驗室（Wallace Laboratories）也曾在1954對新藥眠爾通（Miltown）進行過這方面的研究。這兩個實例都是在沙利竇邁事件發生以前。

　　美國食品藥物管理局的醫生凱爾西（Frances Kelsey），勇敢反抗來自理察森—梅里爾公司的巨大壓力，硬是不准沙利竇邁在美國販賣，她的堅持實在有充分的理由。因為早在1943年她還是學生時，就和歐得罕（F. K. Oldham）證明了，胎兔的身體無法分解奎寧，而成兔的肝臟卻能有效進行分解的事實。

　　沙利竇邁事件果真是劣質科學引起的災難嗎？我認為，這個問

題的答案是雙重肯定的。首先，當然，它是極其惡劣的科學。然而儘管有品質低劣的實驗，科學在做為獲取可靠知識的系統上，不會受草率、吹噓，甚至欺詐拖垮；涉及人命的科學是禁不起變差的。沙利竇邁的悲慘事件其實不該任它發生。但是，在成千的大人罹患神經炎，和小孩一生下來就殘缺不全的事實發生之前（或發生期間），卻沒有一家藥廠（在鎮靜劑的市場上競爭的所有藥廠）、也沒有一個人，為此尖聲吶喊。

　　系統失敗了，科學和醫藥（有一部分是化學）也失敗了。補救之道必須借助對藥物的檢驗立法，而這項措施在1960年代才慢慢為世界各國採行。

　　我認為，上述問題的第二個答案還是肯定的：這是劣質的科學！但它並不只是劣質科學而已，還是系統中隱伏的失敗，套一句政治理論家漢娜・鄂蘭的名言：這是與平庸的邪惡打交道的緣故。

　　這些人，包括提供藥廠想要的試驗結果的沒道德醫生，在從中牟利的商人，操弄數據並加以曲解的人（如穆克特博士），威脅要對最先報導藥物副作用的醫生提出控訴的律師，和因為藥廠反對而在出版刊物上支吾其詞的醫藥期刊編輯……他們的所為都不僅是一般的邪惡。

　　我確信這些是優秀但道德上有瑕疵的人，他們都以自己的小道方式，聽到或看到了事態的蛛絲馬跡，但是在懷疑（他們應該都有）或遵從公司政策之間的灰色地帶、在模稜兩可的是非準則當中，以及不分黑白的境域裡，他們選擇了略微偏頗於一方，把經過選擇的、略經扭曲的信息，傳給與他們具有相似品格弱點的人，而這些人又把數據再次扭曲後發布出去，忽略掉他們不想看到的事實，拒絕去閱讀檔案中夾帶有壞消息的便條，而把藥物的作用歸因

於病人罹患歇斯底里症。

立法保障

這個結果很糟。所以，我們要制定法律來救治問題。但是，如今我們是否不願再支持這項立法？這項立法使藥物設計者的創造力遭遇制，而且由於所有安全與藥效檢驗都需要納入管制，開發一種藥物上市動輒需要花上億美元。結果就產生了爭議：這項立法使更多藥物無法上市，因此間接使許多人喪命。

聽到這項爭議時，我不得不拿出沙利竇邁兒的照片，向大眾展示。要知道，這並不是多少人因為更嚴格的法規阻止新藥上市，以致於喪失生命的問題；而是因而能拯救多少生命的問題，因為法令能防止更多類似沙利竇邁的災禍發生。

如果有一種衡量冒險與利益的算式，那麼對我來說，單獨一椿由藥物引起的海豹肢畸形嬰兒，所占加權比重必定非常大，遠超過拯救任何生命或上百條性命所占的比重。那八千個沙利竇邁兒和他們的雙親，所受到的極端痛苦是無法想像的。在這世上，沒有任何理由能為這椿災禍辯護，這樣的災禍絕不可以再發生了！

在沙利竇邁事件裡，「同中有異」的主題是如此清晰的呈現出來。沙利竇邁的製造者和販售者只看它和其他安眠藥、鎮靜劑的類似之處，卻不去了解該分子的鏡像異構物可能具有不同的功效和毒性。

李維在他那本很棒的自傳式散文集《週期表》（天下文化出版）中告訴我們，他在杜林大學做研究時發生的爆炸事件。當時，他必須用鈉除去有機溶劑中的水，但是他改用同是鹼金族的鉀來替代

（鉀在週期表上正位於鈉的下方）。他寫下了那段經歷對他的意義：

　　我則想到另一個比較實際的教訓，我相信每一個強硬派的化學家都同意：不要相信「幾乎一樣」（鈉幾乎和鉀一樣，但如用鈉就沒事）、「實際上相同」、「代用品」，以及各種湊合物。差異雖小，但可以有完全不一樣的結局，像鐵軌的轉轍點。化學這行花很多時間學這些差異。見微知著，這不只是化學。

第 **28** 章

科學家的社會責任

　　這世上沒有壞分子，只有粗心大意或是邪惡的人。雖然沙利竇邁用於妊娠三孕期中的第一期有害，但它似乎具有治療痲瘋病相關炎症的用途。而且，最近的研究還宣稱，沙利竇邁能抑制愛滋病病毒的複製。一氧化氮（NO）是造成空氣汙染的物質，但也是我們體內絕對天然的神經傳導物質。臭氧在大氣的平流層中提供了一項不可或缺的功能，薄薄的臭氧層就能吸收陽光中有害的紫外線輻射；但在海平面上，完全相同的這種分子，卻在光化學產生的煙霧中扮演了壞角色，這種大氣汙染物，主要是由汽車廢氣造成的。臭氧會破壞汽車的輪胎（這算是客氣的報復）、植物的生命和我們身體的組織。

　　分子就是分子。化學家和工程師改造舊分子，製造新分子；而且還有其他從事藥品生意的人在販售化學分子。我們都需要使用藥品；所以，每個人都在使用和誤用化學物品上扮演某種角色。在這裡，我要提出科學家對於我們人類同胞應負起的社會責任。

　　我認為科學家扮演了傳統悲劇中的角色，科學家因為自己的天

性，注定必須去創造事物。他們既無法逃避要對我們的內部或周遭進行探究，也不能無視於創造或發現——要是你沒發現那個分子，別人就會發現。同時，我相信科學家絕對有義務去思考，他們創造出來的物質的用途，甚至是這物質遭濫用的問題。而且他們必須盡力把這些危險和濫用，呈現在大眾面前。他們要抱持捨我其誰的精神，冒著丟掉飯碗和蒙受屈辱的風險，也一定要和自己的行為所造成的影響共存。正由於這項責任，科學家成為了悲劇裡的角色，而不是舞台上的喜劇英雄。同時，正因為肩挑這項人道的義務，使科學家格外表現出人性。

第五部

它究竟是
怎麼發生的？

第 29 章

反應機構

　　化學家最初、最原始的活動，就是去回答「這是什麼？」當你知道手上的東西是什麼之後，下一步就是要知道它是怎樣產生的。這是具有好奇心的人自然會萌生的疑問，不論他是突然面臨意外的發生現場，還是看到一公克奇異的新穎分子。

　　那麼，反應機構是什麼呢？反應機構是經由一連串不可化約的簡單化學步驟，把分子轉變成另一種分子的行為。就某種意義而言，它就像說明怎樣從A到B的電腦程式，或是告訴你如何把麵粉、雞蛋、糖、奶油和巧克力豆變成餅乾的食譜。它也可以說是過去行為的歷史，不過是現在可以重複發生的那種。反應機構這個詞所傳達的信息，支持著分析形式的哲學——它假設反應機構也遵循了牛頓的機械式宇宙觀而運作，而且發生的每件事都可以憑我們簡單的心智，把連續的自然運作分割成一連串機械行為，然後加以「解釋」。

　　這裡就有一個關於反應機構的研究。這是發生在1960年代早期，由歐卡俾（H. Okabe）和麥克耐斯比（R. McNesby）對乙烷光

Professor Butts steps into an open elevator shaft and when he lands at the bottom he finds a simple orange squeezing machine. Milkman takes empty milk bottle (**A**), pulling string (**B**) which causes sword (**C**) to sever cord (**D**) and allow guillotine blade (**E**) to drop and cut rope (**F**) which releases battering ram (**G**). Ram bumps against open door (**H**), causing it to close. Grass sickle (**I**) cuts a slice off end of orange (**J**)–at the same time spike (**K**) stabs "prune hawk" (**L**) he opens his mouth to yell in agony, thereby releasing prune and allowing diver's boot (**M**) to drop and step on sleeping octopus (**N**). Octopus awakens in a rage and, seeing diver's face which is painted on orange, attacks it and crushes it with tentacles, thereby causing all the juice in the orange to run into glass (**O**).

Later on you can use the log to build a log cabin where you can raise your son to be President like Abraham Lincoln.

圖29.1　「榨桔汁機」的機械結構，由巴次（Lucifer Gorgonzola Butts）教授發明。古德柏（Rube Goldberg）繪。

化學分解方式的觀察。這個重要的碳氫化合物就在圖29.2的左邊，箭號上方的hν 符號代表光子。在這個實例中並非隨意採用任何光，而是要用位於紫外光區的輻射線進行照射。乙烷必須在這種能量的光線作用下，才會產生乙烯和一個氫分子。

分析工作就是要測定得到的是乙烯，而非乙醇或膽固醇，而且我們得到的確實是乙烯和氫氣，沒別的東西。現在，我們要了解這個反應實際上是怎樣發生的。

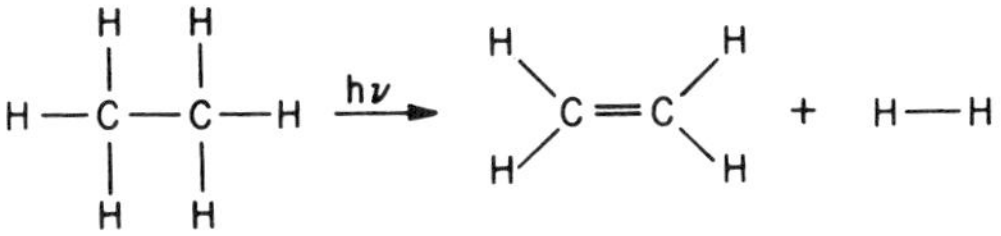

圖 29.2　乙烷光解產生乙烯和氫分子。

　　化學反應機構的研究，是教科書上引介科學方法的實例。教科書上這麼說：在你進行一項觀察後，先要想出幾個可能的假設，來解釋這項觀察，然後經由實驗或理論（但主要是經由實驗），逐一淘汰這些假設，直到剩下單一個假設，它就必然是正確的。

　　這項規約的第一步，是蒐集可以解釋所觀察現象的可能假設，並編列成表。我並不盼望外行人寫出許多這種假設，但期待專業化學家寫出兩、三個假設。不過，有一種假設的反應機構，倒是我認為任何人在完全不具備化學反應相關知識的情況下，都能想到的，那就是「一步完成」或「魔術變出來的」這類假設。這得歸因於我們薄弱的心智，總是把大自然假想成每件事都是一氣呵成的。這種假設的反應機構在有機化學上，有時還美其名為「協同反應」（concerted reaction）。

　　圖 29.3 把乙烷光反應的幾種可能反應機構顯示出來。既然乙烷的兩個碳上有彼此相鄰的氫原子，何不讓這兩個氫原子一起脫落，一步就產生乙烯和氫分子？嗯，這是一種可能。第二種和第三種可能性是得自先前的化學經驗，對非化學家來說是神祕、不可思議的。其中兩個氫原子可以從同一個碳上脫下，產生氫分子，剩下的 C_2H_4 片段帶有正確數目的原子，但是氫的連接方式並不正確：其中

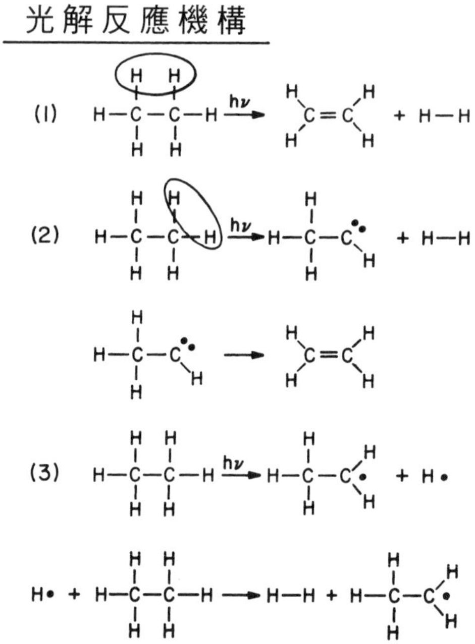

光 解 反 應 機 構

(1) 反應式一

(2) 反應式二

(3) 反應式三

圖29.3 三種乙烷光解的反應機構。

的一個碳上有三個氫，另一個碳上只接一個氫。為了完成這個反應機構，我們必須假設有一個迅速的步驟，使氫原子從其中一個碳原子上轉移到另一個碳原子上（這種轉移有前例可循），產生乙烯分子。

第三個反應機構叫做鏈鎖反應。我們知道光、熱或其他形式的能量能把分子中的化學鍵打斷，通常一次打斷一個鍵。所以，化學家假設光打斷一個碳─氫鍵，產生一個氫原子和一個叫做「乙基自由基」（$C_2H_5 \cdot$）的殘餘片段。

　　現在，你必須把自己置身於分子的生命歷程中。這些小東西的寬度是一毫米的一小部分的小部分的再小部分。一個小小的反應瓶裡容納了十的二十次方個這種分子，也就是有數百乘十億再乘十億個分子在裡面飄浮、瘋狂的衝撞，且不斷彼此碰撞。受光子撞擊的那個氫原子，並不會就待在原位靜止不動，它受到自由能和與鄰近分子碰撞的驅使，飛奔向四周那十的二十次方個乙烷分子中的一個，隨即發生碰撞。我們知道，自由的氫原子會立刻從其他分子上攫取原子。所以你可以想像得到，最初釋放的氫原子在碰撞期間，也會從相鄰的分子上獲得另一個氫原子，形成氫分子。雖然我們還沒有獲得乙烯，但經過一連串的步驟（在此就不再列出），終會得到乙烯分子。

　　接下來是進行實驗，逐一淘汰這些反應機構。近五十年，由於有現成的同位素產品供應，使反應機構的研究也變得容易得多。請回想一下第 8 章提過的，同位素是同一種元素但具有不同重量，它們的差異大到足以使我們察覺它們的存在，但不足以影響到反應。而同位素正是偵測反應機構的終極密探……

　　偵測乙烷反應反應機構的同位素追蹤劑，是用氫的同位素，尤其是「重氫」氘。歐卡俾和麥克耐斯比拿普通乙烷（C_2H_6）和氫原子全由氘取代的乙烷（C_2D_6）混合。但是從哪裡得到這種「氘化」的化合物呢？他們是用買的，是從合成這種化合物的默克公司實驗室裡把它買回來。當他們從化學品供應商那兒獲得一個密封燒瓶的氣體後，應該做的第一件事是什麼？他們也許會先去分析它。因為在這個行業裡，你無法相信任何人。合成人員可能剛好失誤，以致只引進了五個氘原子，而不是六個。

　　從這裡你可以看到，「反應機構的研究」與「合成以及分析」

的關係有多密切。

　　於是，在國家標準局做研究的歐卡俾和麥克耐斯比，取來C_2H_6和C_2D_6的混合物，對它進行光解。現在，就讓我們來探討對各種反應機構預期的結果吧（參考圖29.3）。

　　在反應機構（1）中，如果光由C_2H_6吸收，就會產生H_2，要是光去碰撞C_2D_6，則產生D_2。兩種情形發生的可能性相等，但不會產生任何HD。

　　反應機構（2）從C_2H_6產生H_2，並從C_6D_6產生D_2，也絕不會產生HD。在這個研究中，H_2、D_2和HD是氫分子可能出現的三種形式；它們具有不同的重量：HD的重量是H_2的一倍半，而D_2是H_2的兩倍重。利用質譜儀，很容易就可以區分它們。

　　反應機構（3）則不同。假設光由具有氫原子的乙烷分子吸收，並且擊落一個氫原子；那個氫原子一產生，就會非常迅速飛奔向十的二十次方個分子中的任一個乙烷分子。它撞到C_2H_6的機會和撞到C_2D_6的機會相等，因為對氫而言，這二種乙烷並沒有差別。這個游離氫可能會把C_2H_6的一個氫原子拉下來，產生H_2，也可能會從C_2D_6上拉下一個氘原子，產生HD。此外，也請你在心中以一個從C_2D_6上斷裂下來的氘原子為起始，重複這個過程。然後，假想這發生在裝滿等量C_2H_6和C_2D_6的容器中。你就會了解，就統計上來看，HD的生成要比發生H_2或D_2的頻率高多了。

　　歐卡俾和麥克耐斯比得到了清楚的實驗結果（圖29.4）。在C_2H_6和C_2D_6混合物的光解實驗中，H_2和D_2的生成占了優勢，只產生非常少量的HD。因此淘汰反應機構（3），因為依照預測，這項反應機構應該會產生大量的HD。

　　下一個實驗是研究人員買了一種只有一半氫原子由氘取代的乙

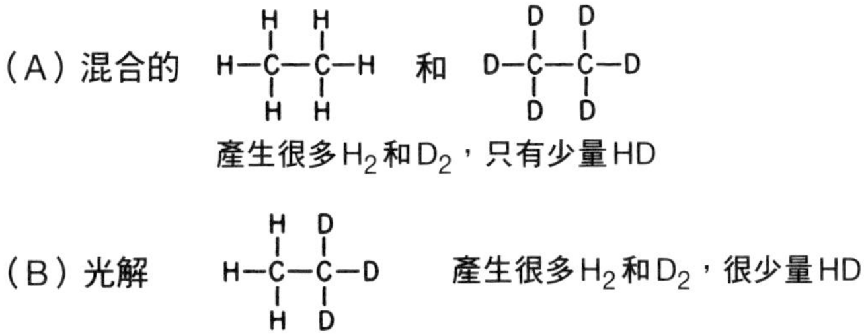

（A）混合的　　$H-\underset{\underset{H}{|}}{\overset{\overset{H}{|}}{C}}-\underset{\underset{H}{|}}{\overset{\overset{H}{|}}{C}}-H$　　和　　$D-\underset{\underset{D}{|}}{\overset{\overset{D}{|}}{C}}-\underset{\underset{D}{|}}{\overset{\overset{D}{|}}{C}}-D$

　　　　　　產生很多H_2和D_2，只有少量HD

（B）光解　　$H-\underset{\underset{H}{|}}{\overset{\overset{H}{|}}{C}}-\underset{\underset{D}{|}}{\overset{\overset{D}{|}}{C}}-D$　　　　產生很多H_2和D_2，很少量HD

圖29.4　用來闡明乙烷光解反應機構的兩個實驗。

烷分子（H_3CCD_3）。對於H_3CCD_3的光解來說，反應機構（1）會產生HD，而且只會產生HD。反應機構（2）則視光線「撞擊」在這個分子的左邊或右邊，而產生D_2或H_2，而光線和分子其實並不在乎這左右兩邊的區別。

歐卡俾和麥克耐斯比得到的實驗結果，和先前的一樣清楚明白。他們得到的主要是H_2和D_2，及非常少量的HD。於是，反應機構（1）也遭淘汰了。並且，證明了反應機構（2）是對的。

但果真如此嗎？現在，我們來到了科學方法的運作和人類心理學扮演角色的議題上。事實上，實驗並沒有證明反應機構（2）是正確的。你只不過證明了其他的假設是錯誤的，而把其他反應機構淘汰掉。我要在這裡詳細說明一項現代的科學哲學觀點，它主要與哲學家波帕（Karl Popper）有關。波帕論派的人會說，你可以根據某項理論被證明錯誤的容易程度來為它評等；禁不起驗證的理論，就不是好理論，可以把它丟到一旁。

讓我用通俗的語言來詮釋這點。如果我們從波帕的觀點來看歐

卡俾和麥克耐斯比的這個美妙實驗，我會這麼說：「以我們薄弱的心智，對於乙烷在紫外線照射下如何形成分子片段，可寫下三種假設，而且是僅有的三種假設。我們以自己有力的雙手和優美的心靈來建立實驗，從而淘汰其中兩種假設。但是，這一點也沒有證明第三種假設就是對的。或許還有第四個或第五個假設，只是我們還不夠聰明到把這些假設想出來。」

現在，大家都曉得這點。我知道這點，做這個實驗的人也知道。但是，這些人全都是做實驗和解釋實驗的「人」。就人的本性來說，必然不願意在論文中寫下示弱的結論，比方：「我已經證明A和B是錯誤的。我希望C就是正確的假設，但是或許別的假設才是正確的。」噢，當然不會是這種結論，人們想說的是：「我已經證明了C是正確的。」科學家當然也希望自己做的是確定沒問題的事。

第**30**章

科學家不是天使

　　談到這裡，我想到更多與此相關的事。所以現在我要把話題轉到一樁假想的，但卻相當可能發生的事件上：

　　有一篇關於化學反應機構的研究，刊登在一本發行量三千冊的期刊上，這本期刊分送到全世界兩千個圖書館，而這篇文章有一百個人讀過，其中有十個人仔細讀過。這十個人裡有一位非常特別的人，他對這篇研究非常感興趣，他窮其一生都致力於這一型反應的研究。基於專家的性格，他已把在這型反應上的見解，明確陳述過。但這些年輕人在寫這篇論文時，竟然沒有提到這位科學前輩的研究成果，甚至連一個注腳都沒有！可想而知，這位遭忽略的反應機構化學家，必然是這世界上最關注這篇論文的讀者，而且他會窮盡一切方法證明，這些作者的想法是錯誤的。請問，像這樣設法證明別人的錯誤，是不是不道德的事？

　　我完全不這麼認為。在此我要回到第18章最後討論的一些關於心理動機的敘述。科學是人類的活動，人類由於多方因素引發從事科學的動機——這些因素包括了好奇心和對知識的追尋，當然還

有權力、成就感、金錢、性與美，這麼多因素引發了其他創造者的
動機。這有什麼不對嗎？

　　人難免犯錯，但人能夠把自己的弱點導向創造的境地。所以，
那些因「不正當的理由」認為某些實驗可能有錯，而提出其他反應
機構的人，並沒有什麼不對。只要這世上還有十個這種人，並且還
有一種能對某項實驗加以證實或否定的檢驗，就表示科學的系統還
算不錯，它還會進步。但是，我們的心中卻存在某種因素，使我們
認為因不正當的理由去做正當的事是不對的。

　　以下這兩句話，是我從艾略特（T. S. Eliot）的《大教堂中的謀
殺案》（*Murder in the Cathedral*）中引述的：

> 最後一項誘惑乃是最嚴重的背叛：
> 那就是，由於不正當的理由去做正當的事。

　　在我杜撰的情節中，為什麼我們會認為那位受忽視的科學家有
點不對呢？我認為，理由就在於我們把化學家對知識的追尋，和對
於真理的追尋搞混了。

　　我認為以真理來替代知識相當危險。因為我們會藉著把自我
歸類成真理的忠僕，而把自己放在與傳教士和政治人物為伍的地位
上。我倒是認為，我們應該與藝術家為伍才適當。第一個理由是因
為，我們確實創造了這個世界；第二個理由則是，大眾對於藝術家
較少有錯覺。人們會期望優秀藝術家產生偉大的藝術，不一定會期
望他在是非原則和道德上優於常人。我們當然也希望藝術家是懂得
是非和有道德的，但是我們曉得他們並不是天使。那我們為什麼認
為科學家就應該是呢？

在美國，你會讀到一些傳福音者犯下各種輕微性犯罪的消息。我們為什麼會對神職人員淫穢不潔的道德罪行如此感興趣？理由十分明顯。雖然我們知道傳道者只是凡人，但我們依然會把他傳道的內容，和他的人格混為一談。他一旦犯了罪，似乎就犯得比常人還嚴重。

這種情形也發生在科學界裡。我猜想我們對科學界罕見的詐欺案件感到興趣，也是基於類似原因，科學家建立的自我形象，把自己當成了真理的祭司。

讓我們回憶一項文化方面的實例吧，那就是廣為人知、由彼得・謝弗（Peter Shaffer）所編寫的劇作《阿瑪迪斯》（Amadeus），主題引申自普希金（A. S. Pushkin）寫的一首詩〈莫札特與薩里耶利〉（Mozart and Salieri）。你該記得劇中的故事，故事中薩里耶利曾說：「上帝怎麼把這般仙樂，放在這口粗糙不堪的罈子裡？」儘管我們寧願想像莫札特是如天使般的人物；但實際上，這位偉大的作曲家，在公、私領域的生活都很複雜。

其實，我們大半時候都願意接受藝術家或許並非完人的想法。有時候，我們甚至還屈服於浪漫的謬誤推想，把藝術家的創造衝動歸功於他們遊走在神智清醒的邊緣。

既然我提到了波帕，我想也該提出現代科學哲學議題的另一個極端例子。其實當我強調人類在科學上經常有錯誤的心理動機時，就已接近費耶阿本德（Paul Feyerabend）對科學所持的觀點了。費耶阿本德是善於辯論的哲學天才，他向來強調科學家是心理和政治上的野獸，為求自己的理論或實驗被接受，幾乎無所不用其極。雖然我推想費耶阿本德是天生的虛無主義者，對科學沒有好感，但是他的議論的確耐人尋味。

他詳細展現出，科學家怎樣去選擇數據以證明自己的理論，這點理論家應該感受尤深（雖然實驗家也有別的自欺方式）。費耶阿本德所寫的《反對方法》（*Against Method*），能化解對科學進展過程中的各種浪漫觀念。我認為，在真實的科學活動中，我們必須細心體認和辨清費耶阿本德和波帕兩人提出的觀點。

第**31**章

靜態與動態

　　讓我們回過頭來，看看燒瓶中發生的一些細節，或物質在大氣中的變化。這些過程暴露出化學另一種特有的極性。

　　如果你靜置一杯酒，酒水會蒸發；把濕衣服披掛在繩線上，衣服會變乾。因此，你知道其中一定有什麼事發生；那些你相信它們存在的天然（或合成的）分子，一定是離開澄清的液態，加入它們的夥伴到空氣中旅行去了。

　　現在，讓我們把酒（水加酒精，再加上一千種左右的風味成分）密封在軟木塞著的鉛瓶裡。如你所知，有些葡萄酒靜置一個世紀後，能在拍賣會上售得高價。在這樣的瓶子裡，必然沒有太多變化發生（噢，這種酒當然也會發生變化，它會變質、產生沉澱）；這是因為它是靜置在莊園的酒窖裡，所以液體和液體上方的氣體之間，似乎不大可能有太多分子的交易發生。

　　不過，的確有變化正在發生。這些變化發生在酒窖裡看似安靜的空氣中，發生在百萬年前凝集在岩石中的古老水泡裡、或是活細胞的細胞膜上，甚至在一塊固體之中。在這所有的「系統」（科學

術語的說法）中，有肉眼無法看見的分子運動；比方在氣體中，分子翻騰且快速移動，在固體中，分子的運動甚為緩慢。這些都是動態的系統，只不過表面上看起來好像是靜態的罷了。而且這些表面看似平靜，實際動盪不安的緊張狀態，對化學而言是很重要的。

　　使酒窖中封裝的酒瓶看似靜止的理由有二：一是這些運動中的粒子，是極為微小的分子；即使把這些分子的速度降低，它們仍然小到無法用肉眼或光學顯微鏡觀察到。二是它們在密封瓶裡快速穿越空氣與酒的界面（經證明確是如此），絲毫不差的保持平衡——也就是，每秒鐘有多少水（或酒精）分子從液體躍入氣相，就有多少水（或酒精）分子回到液體。所以整體看來，似乎什麼也沒有發生。這些行動分子的形體微小，和它們在行動上保持平衡的本質，使我們誤以為分子戰場上一切都是靜止的。

　　「平衡」的概念就是有多少進，就有多少出。請你想像裝水達某水位的浴缸，把它的塞子稍微向外拉不塞緊。如果我們把水龍頭轉到剛好的流量，浴缸中的水位就能保持恆定。缸裡的水改變了（不是原來的水），但水位卻相同；也就是水進和水出這兩種動作保持動態上的平衡。這個例子似乎很浪費水，所以你也可以想像成米勒斯的噴泉，因為噴泉的水是可以循環利用的。也可想像進出熱鬧的百貨公司的人數，這家百貨公司有一大群人湧進，並有相同數目的人離開。

　　請注意與動態平衡成對比的靜態平衡，比如在橄欖球賽中的「鬥牛」（圖31.1），和高空走鋼索的人在瞬息間保持的靜止狀態。這些是只限在球賽上與走鋼索者本身的緊張狀態。我們很輕易就能想像失衡的可能性，也就是力量不均衡時造成的災難。當然，那個浴缸情節也可能發展成令人發噱的慘劇——像是塞子掉進出水口拔

不出來，而水龍頭又不能關上，剛巧又沒有溢流的排水口。你只好趕去找拖把！要是問題出在總止水栓上呢？而這偏偏又美式浴室，地面沒有排水口，那麼趕快打電話找水管工人來修理吧（可能還得請律師來處理呢）！

　　化學上的動態平衡也可能令人不安，有時還伴隨著災難情境（像造成疾病或是意外的爆炸）。正如我們將會看到的，我們經常為了自己的目的，故意去擾動平衡。但是，化學上的動態平衡是穩定狀態，是自然的結果，甚至具有恢復力，能抗拒平衡的偏離。這些性質使它與活物相似，並且誘使我們用擬人化的語言去形容這種無生命的天然均衡狀態。

圖 31.1　橄欖球賽的鬥牛陣。（Robert E. Daemmrich 攝）

　　我們怎麼知道氣體或液體中的分子正處於快速運動狀態？那是由於人們觀察到陽光下飄浮的塵埃，或煙霧粒子混亂的運動。塵埃與煙霧這種小粒子會迅速而且任意的移動。你可以把它們的運動視為與看不見的空氣分子碰撞的結果；早在十九世紀中期，就已經知道這些空氣分子是氧和氮，並且形體極端微小。

　　一項關於氣體分子在空氣中運動的理論，已經發展出來了，這項理論必須在下列假設的條件下，才能成立：

‧點狀分子的質量完全集中在一個無限小的體積裡。

‧分子唯有經由碰撞，才能與容器壁和其他分子彼此交換能量。

‧這些碰撞是「彈性的」；這個術語是指分子的撞擊只有動量的交換，分子之間不會像接合劑或派餅一樣黏住不放，而是如鋼球碰撞般彈開。

　　這項十九世紀物理學的傑作，稱為「氣體動力論」，它描述了分子的速率與碰撞的情形。從這種層次的近似狀態來說（真實分子其實還是有體積，而且彼此間或許也稍有相互黏結的現象），理論上，分子的平均速率僅是溫度和分子質量的函數。以下就是平均速率 $\bar{s}$ 的公式：

$$\bar{s} = \sqrt{\frac{8kT}{\pi m}}$$

　　其中 T 代表絕對溫度，是以攝氏度數再上273（絕對零度

為–273℃），m是分子的質量，k是波茲曼常數。分子進行快速的移動，下表列出在室溫和常壓下，質量輕的氫分子、質量中等的氧分子、以及較重的二硫（2-丙烯）分子（$CH_2CHCH_2SSCH_2CHCH_2$，大蒜氣味的主要成分之一）個別的移動速率。

關於氣體動力學理論的一些預測
（在25℃，一大氣壓下）

分子	平均速率 （公尺／秒）	平均碰撞距離 （公尺）	每秒平均 碰撞次數
氫	1,770	1.24×10^{-7}	1.43×10^{10}
氧	444	7.16×10^{-8}	6.20×10^{9}
二硫（2-丙烯）	208	1.42×10^{-8}	1.50×10^{10}

圖 31.2　生活中的賞心樂事之一
　　　——大蒜麵包。

　　請注意，這些分子的運動速率極快；像氧分子就以接近音速的速率移動（這可不是巧合，因為聲音傳播的速率正是依介質分子而定的）。然而，分子在碰撞前並不會移動得太遠。碰撞的頻率和碰撞之間的距離（稱為「平均自由徑」），要視氣體的壓力和溫度而定。外太空的平均自由徑，遠大於在地球上的。銀河間散布之雲氣，平均自由徑約為 10^9 公里；有朋友對此論道：「那些可憐的傢伙要隔幾百年才能見到一個夥伴」。

　　在地表大氣中，氧分子間的平均距離約為 3.5×10^{-7} 公分。這個值約是該分子長度的十倍。這問題的一個思考方式是：設想分子透過快速的運動和碰撞，在四周撞擊出比分子實際體積所占空間大上許多的有效空間。在我們乍看沉靜的大氣中，竟存在著這樣一個怪異的舞場。

　　儘管理論上是這麼說，但我們真的曉得分子是以那樣的速率在運動嗎？是的，我們曉得。米勒（R. C. Miller）和庫許（P. Kusch）兩人就設計了一個精巧的實驗，這個實驗不僅能探測分子的平均速率，還能探測到分子速率的分布（也就是有多少分子以某個固定速率在運動）。在圖31.3裡，你可以看到左邊有一個烤箱A，從烤箱的一個小洞裡流出許多相同分子，而針孔B讓其中一束分子通過。這時，分子飛過一段真空（它們從烤箱中冒出來時，就已經在真空中彼此碰撞了），朝實心圓筒C內以螺旋狀鑿刻的隧道飛去。圓筒的轉速是可變的。偵測器D則是用來測量從螺旋狀隧道末端出現的分子數。

　　這是非常機智的裝置。只有速率與由滾筒操縱的開放通道轉速精確吻合的分子才能通過，速率太慢或太快的分子會撞上螺旋道壁。用一點代數，你就可以從隧道的螺旋形狀，算出在特定的滾筒

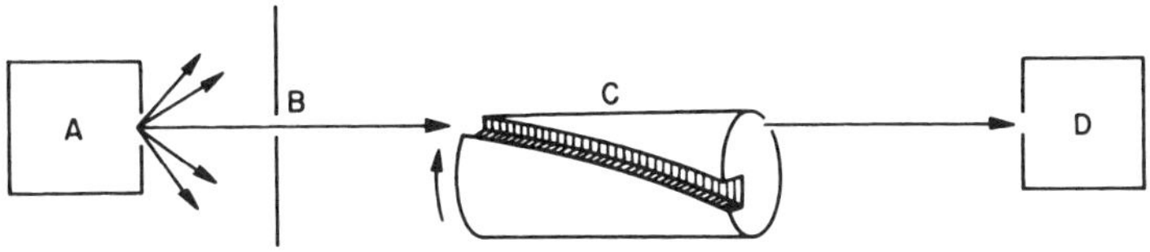

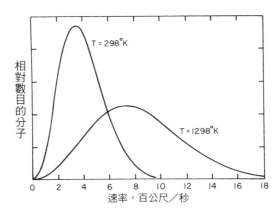

圖31.3　測量氣體分子速率分布的實驗圖解。

轉速下，能穿越滾筒的分子速率。然後，改變滾筒的轉速，又可以
讓另一批具有不同速率的分子通過滾筒。

　　米勒和庫許的實驗結果完美吻合了馬克士威—波茲曼分布的理
論預測（衍生自十九世紀的氣體動力論）。圖31.4顯示的是，大氣
中的氬氣在兩種不同溫度下的速率分布。請注意，平均速率和大多
數分子的運動速率（曲線最高點）很接近，那正是較多數分子具有
的速率。分子有些移動得慢些，有些移動得快些。

圖31.4　氬氣在兩種不同溫度下的速率分布情形。

　　你一定有與分子運動速率相關的生活經驗。請想像一個香水擦得很濃的人走進房間；或想像一隻被狗攻擊的臭鼬越過你家庭院。我們都曉得，釋放出的氣味以「秒」為時間量度單位，傳到我們鼻子；我們也許會預期它應該會像聲音傳播的速率一般快，但事實上是慢上許多，甚至還比我們計算出的香水分子或臭鼬氣味分子的運動速率，要慢得多。為什麼會這樣？原因出在碰撞。

　　在空氣中，香水分子確實很迅速朝我們的方向前進；當然，這正是擦香水的人意圖達到的目的。但是，那些分子朝你的方向前進不到一公分，就已經遭到空氣分子多次碰撞。它們終究還是會來到我們跟前，但卻是藉由稱為「擴散」的任意漫遊方式緩慢前來。可想而知，在外太空，至少是在科幻小說改編的太空劇裡吧，香氣的訊息將以高於地表處甚多的速率，飛抵目的地。

第**32**章

擾動平衡

讓我們從分子的快速運動回到動態平衡的概念。我們都需要氮元素來形成體內的蛋白質和核酸；然而，雖然氮氣占空氣的78%，但處於演化頂端的人類（假定是如此），卻不知如何對氮氣進行生化處理。我們必須藉由植物獲得氮，植物則從土壤中吸收硝酸根離子（NO_3^-）和氨（NH_3），以獲取氮元素。但是，植物也不知道如何從大氣中「固定」氮元素。唯有某些藍綠菌和與豆科植物根部共生的細菌，才曉得如何固氮。植物的氮元素來源為：一、土壤中含的少量硝酸鹽類，二、大氣中的氮氣和氧氣經閃電反應，產生的硝酸根離子，三、由細菌固氮，四、天然肥料，以及五、合成的人造肥料。其中，人造肥料和新式農機、耕作方法、植物的選植及殺蟲劑，造就了現代農業的成功（見次頁圖32.1）。

以上是對下面這項製造氨氣之化學反應式的背景說明。

$$N_2 + 3H_2 \rightarrow 2NH_3$$

圖32.1　在田裡施加氨當肥料。

　　二十世紀初，人們就已經體認到這世界需要穩定供應的「固定」氮元素，而氨氣恰好能提供這種需求。前一頁所寫的反應看起來似乎就是最明顯的製氨方式；並且，大氣裡的氮氣是免費的，而氫氣又很容易製造。如果把氮氣和氫氣混合加熱，就會得到氨，但數量不多。

　　在1905年至1910年間，一位德國科學家注意到這個問題，並解決了它。這個問題的解答涉及對化學動態平衡本質的認知判斷，以及如何擾動該平衡的機智思考。

　　假定你從充滿氮氣和氫氣的反應瓶開始，它們會進行反應產生氨。這樣的反應是怎麼發生的呢？它並不是經由超距作用，而是分子碰撞的結果；也許是先形成了一系列複雜的中間分子，最後才生成氨。分子快速運動的動能，在碰撞中轉而成為打斷氮氣和氫氣的

共價鍵所需的能量；所以，我們必須把混合物加熱到足以讓反應物開始發生斷鍵的溫度。

現在，我們假設反應開始進行了。一旦有些許的氨氣產生，它並不會靜靜停在那兒。氨氣分子會開始彼此碰撞，而且這個能量還會使它們進行逆反應：

$$2NH_3 \rightarrow N_2 + 3H_2$$

化學家以兩個指向相反的箭號，來簡述這二種情形：

$$N_2 + 3H_2 \rightleftarrows 2NH_3$$

最後達到了平衡：順向反應形成氨氣，逆向反應則將它分解。在動態平衡的狀態下，氨氣、氮氣與氫氣的分子數並不相等，而是彼此以固定的比例存在。每種物質似乎都保持靜止不動——就數目上而言，看起來沒有一種物質有變動。但是，就如你之前看到的，隱藏在表象底下的是極劇烈的運動。

反應的結果並不令人滿意，至少從自私的人類觀點看來是如此；人們想要製造氨氣，而且要製造更多，並且要求製造出來的產物除了氨氣之外，別無他物。然而，動態的化學平衡系統具有使事物恢復原狀的力量。因此儘管我們很想，但我們無法阻止氨氣變回氮氣和氫氣的逆反應。那麼，該怎麼辦？

那位德國科學家注意到這個問題，他曉得在擾動平衡之前，必須先確定平衡的條件，才能「了解」平衡。他或許曾做過一些嘗試，把從櫃子上拿下來的任何催化劑丟進去（這種方法有時行得

通，因為總是有一些機緣湊巧的時刻）。但是這種方法在此處卻行不通；此處唯有理解才能解決問題。

對萬物之靈的人類而言顯然不太友善的這個「平衡」，我們該如何運用呢？這位化學家留意到四種可行的策略：

一、每當氨氣生成時，就把它移出系統。由於平衡系統的回復能力在運作，因此它能再生出更多氨氣。

二、改變反應進行的溫度。上述的反應是放熱反應，所以，以不甚嚴謹的方式來說，降低溫度能吸收熱，而使反應有較大部分往氨的生成進行。比較專業的說法是，平衡狀態下的氨相對於氮氣和氫氣的比值，會因溫度降低而改變，這種改變有利於氨生成。

三、改變壓力。請你注意這個反應把四個分子（一個氮分子和三個氫分子）轉變成兩個分子（兩個氨分子），使得分子數目的淨值減少。因為每個分子占有的體積大約相等，所以產物（氨）這一邊具有較小的體積。要是你增加反應瓶中的壓力，系統就會趨向體積較小的一方（也就是產生更多氨），來回應這項干擾。

四、利用催化劑協助打斷氮氣和氫氣中堅強的鍵結。這是尋求催化劑的實驗任務，這位德國科學家在多次試驗後，發現鐵或釕是合適的催化劑。

這些策略都利用到對於動態平衡的理解，而且的確是可行的。氨合成工業是當今非常重要的一項化學工業，採用的就是哈柏—波希法。1993年，美國就有一百五十六億公斤重的氨，以這種方式生

產製造出來。這種製法是哈柏（Fritz Haber）發明的。哈柏的一生
充滿各種極端，他的生平正是我們下一部要談的主題。

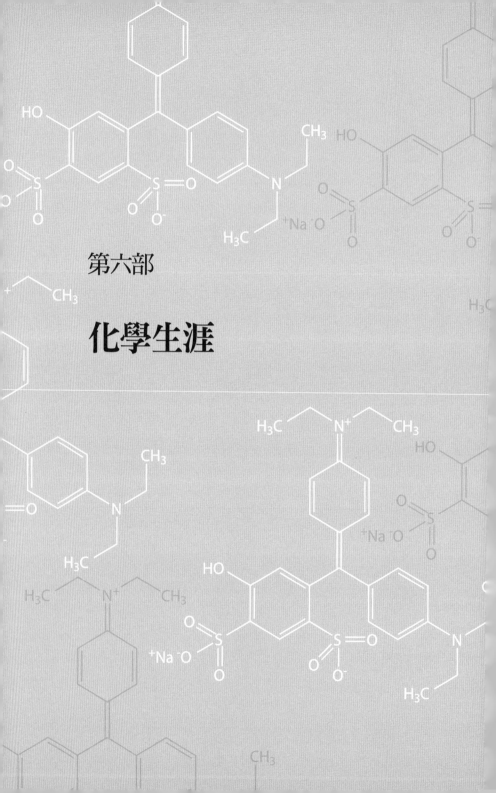

第六部

化學生涯

第33章

哈柏

　　具有創造力的化學家，受到手邊的問題和對於分子世界的好奇心推動，努力進行研究。其間，得自社會的物資贊助顯然是必須的。由於那些資助，他們才能把精力用在追求知識上，偶爾甚至能提出具有實用價值的研究結果。誰能責怪化學家總是自外於這個世界呢？要知道，這是因為那些不聽話而又美妙的物質，就已經有夠多問題等他們去解決。

　　但是這種說法並非實情。因為，這個世界會用自己的方式，衝擊具創造力學者的生活，而且還會把他們吞沒。化學家渴望這世界能容他獨處，這世界卻用它自己的方式去捉弄他——不管是發生在他人生的開端、壯年，或盡頭。這點據我所知，絕沒有別的例子能比最傑出的物理化學家哈柏的一生，更真實、更富戲劇性了。

　　哈柏出生於1868年德國的西利西亞，是成功的猶太裔德商之子。哈柏年輕時就改信了基督教；在十九世紀早期的歐洲，這種做法對那些被德國人同化、想晉身上層社會的猶太人來說，是相當典型的策略。然而在哈柏的時代，倒不一定要改信宗教才能在學術領

域裡達到高位，像二十世紀頂尖的有機化學家威爾史戴特（Richard Willstter）就不曾感覺有改信宗教的必要性；愛因斯坦也不覺得。但是哈柏卻認為有必要。不過，他終其一生，仍是處在猶太人和具有猶太血統的人群中，而他就這麼戴著改教者的面具，直到一生將盡。

哈柏的母親在他出生後數日就過世了，哈柏早年的生活是在與父親抗爭中度過的。有趣的是，這對父子有諸多不同的意見，包括兩人對合成染料在商業上扮演的角色，各持不同見解；而合成染料對當時正在發展的德國精密化學工業來說，是引人矚目的重要產業。

年輕的哈柏似乎痛恨接觸商業事務，然而或許商業經驗正是他日後展現獨特才華的緣由——他因此調和了純化學與應用化學。哈柏的學生彭霍夫（Karl Friedrich Bonhoeffer）後來這樣描述他：

在學術上，他沒有狹隘的視野，一心珍愛著那份技術與純科學緊密相關的研究工作。如此，造就了他個人獨特的科學性格，這種性格用在身為知識份子方面的表現是：永續致力於維繫科學的發展與實際的生活。

哈柏並沒有偉大導師的指導。他的科學志業也非始於一次耀眼的成功、一項偉大的合成，或發現某種重要的自然律，而是憑仗自己非常努力完成有機化學和物理化學的各式問題。哈柏一生對研究和吸收新知，有非常大的能耐。曾深入研究德國歷史和德國知識份子的觀察家斯特恩（Fritz Stern），就提出了以下的論點：

哈柏從童年時期開始，就生活在歷史上最富戲劇性的時代裡。他的性格形成時期，湊巧發生在德國統一、舉國意氣昂揚的年代；德國遲來的統一，賦予這國家致命的軍國與威權主義性格，就連俾斯麥有時也對此感到懊悔……也許刻意把德國的發展和少年哈柏的成長做詳細比較，並不適當；但是，德國與哈柏的成功，卻和許多德國人設法驅除的自卑感有關。不少德國人確實把來自任何緣由的不滿情緒，消磨於無止盡的工作中！

哈柏最偉大的成就正是第32章所提的氨合成。這項成就歸功於哈柏對化學反應平衡因素的徹底了解，其中有趣的是，哈柏的物理化學知識全靠自學得來。不過，最後的成功大半要歸功於他的決心和毅力，這點可用高冉（Morris Goran）寫的故事做為例證（內容是哈柏親口告訴高冉的）：

一個十分溫暖的夏日，哈柏到瑞士山間健行。步行了八小時後，為了尋找水，來到一處非常小而且似乎無人居住的地方。他既口渴又找不到水。最後，終於看到了一口由矮牆環繞的井。他立即把頭整個浸到井裡。他毫無察覺，幾乎同時有一頭公牛也如法炮製；他和公牛都不甚注意對方。但是，當他們幾乎同時把頭從水裡抽出來的時候，他們發現彼此的頭互換了。從此，哈柏有一個公牛的腦袋，並且變成教授。

氨的故事最初是一樁失敗的研究，而且過程中又充斥著科學論戰，但兩者都不過是刺激哈柏前進的動力。

當時已有許多人從事氨的合成。在1904年，有兩位威尼斯的

企業家——馬古利葉斯（Margulies）兄弟，與哈柏接洽以元素合成氨的事。哈柏和他的學生試了幾種金屬，設法把氮轉變成能和氫發生反應的金屬氮化物。但這反應所需的溫度太高，以致於只有極少的氨氣產生。他們用盡了贊助者的資金，計畫似乎已告失敗。

這樣的失敗令人心痛。更糟的是，哈柏提出有關氨的平衡數據，遭德國熱力學大師能斯特（Walter Nernst）質疑。他質疑的重點是平衡時的氮氣、氫氣和氨氣的確實比例。能斯特本人也曾在高壓下進行氨氣合成的研究。在理論方面，他對達成有效合成所需條件的理解，一點也不遜於哈柏。但是，能斯特從以下的平衡反應：

$$N_2 + 3H_2 \rightleftarrows 2NH_3$$

得到的「平衡常數值」指出，平衡時的氨氣含量會比哈柏測到的還少。由於這個值顯示的產量，實在比哈柏測到的少太多，所以該反應不可能用在商品合成上。

哈柏和能斯特先前就有過衝突，這回兩人又卯上。此次，哈柏把能斯特在高壓下進行的實驗重做一次，當做挑戰。哈柏和李若西格諾（Robert Le Rossignol）兩人，一起非常仔細的重複能斯特的實驗，結果顯示能斯特是錯的。

重點是，這次的爭論使哈柏把精力投注在壓力的影響上。請看看上述的平衡中，氨的一邊有兩個分子，而不是像氮加氫的一邊有四個分子。因此，壓力增加會使反應傾向體積較小的那邊（也就是分子較少的那邊）。這正是製造更多氨氣的方法，但是反應所需的壓力，超過當時化學反應器（玻璃和金屬器皿）所能承受的壓力。於是哈柏和工作夥伴，包括名叫柯申鮑爾（Friedrich Kirchenbauer）

圖33.1　哈柏的相片，由埃司納家族惠予提供，埃司納（Han Eisner）是最
　　　　後一批受教於哈柏的學生之一。

的專業金屬匠，共同開發出能承受高壓的反應容器和以及能達到高
壓的方法，還有能幫助反應在低溫進行的催化劑鐵和鈾金屬。

　　在此之前，用於工業反應的實驗室流程，恐怕從來沒有像哈柏
的方法這般徹底的在學術環境中開發。哈柏能有這麼幸運的結局，

要歸因於當時在巴斯夫（BASF，在當時和現在都是世界上屈指可數的優良化學公司之一）接管這項流程的工程師，也就是有才華又機敏的波希（Carl Bosch）。他開發出較為廉價的催化劑，並且把該反應轉化為有效的工業合成法。哈柏—波希法在小處力求完備，所以這種方法至今仍是合成氨氣的最主要方法。

就我看來，哈柏的成就從以前到現在，都是對人類的恩賜。因為，氨的主要用途是當成化學肥料（這也是世界上多數大量生產的化學物質的主要用途）。二十世紀人類見證了不可思議的人口膨脹問題，化學一手造就的密集現代農業，適時應付了激增人口的糧食問題（這只是就平均來說，當然還是有地區性的饑荒發生）。從西元1800年至今，美國一畝良田的玉米產量成長高達六倍。雖然目前人們想邁向「有機」農業生產，但是我認為合成肥料功不可沒，尤其是哈柏的發明，更是使得上億人口免於饑餓。

對德國而言，哈柏—波希法出現得正是時候。因為1914年第一次世界大戰爆發，從南美洲輸往德國的化肥供應中斷了。還有含有許多氮成分的軍火，自TNT（三硝甲苯）至硝酸銨（是化學肥料也是炸藥，1993年紐約世貿中心爆炸案，就是使用它）的供應也間接受到影響；雖然有其他可獲取含氮化合物的工業來源，像是煤炭的蒸餾和氰氨法，但無疑的，哈柏的發現的確是個轉捩點。對戰爭而言，「用空氣製造麵包」的方法是不可或缺的。

戰爭時期，哈柏把他研究方面的聰明才智，全都投注在「化學」武器的開發上。（我在這裡把化學加上引號，只是為了強調這種區分並不合理——人們似乎直覺的把彈藥和各種金屬槍械及炸藥，都當成非化學的！）雖然海牙公約中已經禁止「毒物或有毒武器」的使用；但是交戰雙方仍有不法的活動進行著。

哈柏的兒子（L. F. Haber）對第一次世界大戰中的化學作戰寫過深入的研究報告，他說：

對於氣體和煙霧，可以說：在此次戰爭之前，軍事上對於化學物質的認知，已進展到某些士兵會留意的程度了，甚至有少數非常具創新頭腦的士兵，還會以各種化合物來進行試驗。戰爭中使用的物質，除了光氣之外，都不具毒性。交戰的軍隊並沒有庫存的軍用瓦斯，也沒有毒氣彈，只除了法軍手上持有極有限的催淚瓦斯手榴彈和子彈。而在大戰之初的 1914 年 8 月，這些交戰的國家對化學戰的可行性都還沒有概念，首先把化學物質應用於軍事的，是科學上的好奇心。

不過，這些交戰國很快就獲得了這些概念。哈柏正是散播毒氣雲霧概念的貢獻者，他選擇氯氣和其他幾種化學物質，做為努力的目標。德國的最高指揮部發現哈柏具有卓越的才智，並且是極有活力的幹部，他的作風果決，而且比較不受良心的約制。他把使用毒氣的合法性，都留給高層指揮部去做決定。

這兒有一段對於第一次大規模毒氣攻擊的描述，這個事件發生在1915年4月22日下午的伊珀爾。

近六千個毒氣圓筒排成一列，綿延了七千公尺長。同時打開氣閥，看著一百五十噸氯氣在大約十分鐘內全部釋放出來，真是蔚為奇觀。氯氣施放的地點非常靠近敵人的防線，最近之處僅相隔五十公尺。那團氯氣形成的雲霧緩慢前進，以大約每秒半公尺的速度移動。氣團起初呈白色，隨體積增加而轉變成黃綠色。由於地面溫度

的影響，那團氯氣很快就升到十至三十公尺的高度。當擴散作用使
氯氣變得稀薄時，人們受到的肉體與心理震撼也隨之增加。不到幾
分鐘，那些在前線和支援線上的法屬阿爾及利亞士兵，就被煙霧吞
沒，繼而窒息了。尚未痙攣窒息的士兵，則潰敗奔散，但氯氣卻緊
隨在後。於是敵方的防線崩潰了。

　　如同其他戰役，在這場戰役中，人們也死於許多不同的方式，
但死於毒氣卻是全新的方式。毒氣作戰並不是德軍殺人的唯一方
法，但最終卻變成最簡捷的；而且交戰雙方都有聰明人和工業界做
為發展化學武器的後盾，氯氣、光氣、芥子氣和氯化苦也廣為德軍
的敵人使用。毒氣並非很乾脆的把人殺死，哈柏的兒子估計，因毒

圖 33.2　化學戰的演練。（Jeffrey Zaruba 提供）

氣死亡的人數，約只占毒氣傷亡總人數的6.6%。顯見大多數士兵是受毒氣所傷，並未死亡，但許多人終身不能痊癒。

　　從那時起，企圖使毒氣戰合理化的人總是說：「世上哪有讓人好死的方式？用毒氣又比用榴霰彈壞在哪裡？」這個問題可以從傷兵的見證中得到答案；對毒氣的恐懼，造成了他們心靈上揮不去的陰影，而且傷害了攸關生命的呼吸功能，使他們一直活在痛苦中。戰爭詩人歐文（Wilfred Owen）寫的詩〈至為聖潔高尚的情操〉（Dulce et Decorum Est）可以為證：

毒氣！毒氣！男孩們，快！──一陣緊張的情緒上湧。
及時戴上笨拙的頭盔，
但是，一個來不及行動的人正在尖聲嚎叫、蹎蹎而行，
就像在火燄或石灰中掙扎的人，
透過模糊的玻璃窗片向濃綠的光燄中望去，眼前朦朦一片，
猶如身處綠海中，而我見那人行將淹沒於海。

每個夢裡，出現在我無助的視野前方的，
是他在我跟前突然陷落、像蠟油般融化而流下、窒息、淹沒。

假使你也能同我經歷那令人窒息的夢境，
那麼，在我們把那人擲入運屍車時，
你可以看到他臉上因痛苦而翻出的白眼，
他低垂的臉，彷若厭倦罪惡的惡魔；
若你聽得見，他的每一顛簸，
就有鮮血從腐壞成泡沫的肺部咳出，

汙穢如瘡，苦得像是噁吐出來的東西，

無可救藥的疼痛，就發生在他那無辜的舌上——

我的朋友啊，我想你不會如此熱心的把這樣的情景，

告訴那位對冒險犯難的榮耀仍充滿熱情的孩子，

因為，古老的謊言這麼說：

為國捐軀是至為聖潔高尚的情操。

　　雖然毒氣導致的傷亡人數只占全部傷亡的少數（依哈柏的兒子甚為合理的估算，毒氣傷亡人數占全部傷亡人數的3%至3.5%），並且當時的天氣——風、雨和氣溫也妨礙了化學武器在戰術上的有效運用；但是，這項武器在人類心靈留下的陰影卻洗刷不去。

　　我懷疑像哈柏這樣深諳催化作用的人，是否把毒氣（或他自己）當催化劑，意圖加速戰爭的結束，以終止兩軍在溝壕戰中的流血僵持狀態。只是實際情形並非如他所願，德軍戰敗了；並且，他的妻子克萊拉（Clara）也在戰爭中受了傷。克萊拉也是化學家，她曾懇求丈夫放棄對化學武器的研究，但哈柏拒絕了。我們不曉得其中的因果關聯為何，但克萊拉是以自殺結束了生命。

　　戰後，德國背負了極重的戰後賠款債務，總值高達三百三十億美元。由於多數債務可用黃金抵付，於是哈柏這位諾貝爾獎得主（由於他在氨氣合成上的貢獻，於1918年獲頒諾貝爾化學獎）、當時德國化學界的領導者，就把眼光放在從海水中萃取黃金上頭。他把整個戰後的負債換算成等值的五萬噸黃金。澳大利亞的化學家李維西吉（Archibald Liversidge）曾估算，海洋中每噸海水蘊含三十到六十五毫克的黃金。因此可以推算出，海洋中含有七百五十億到一千億噸黃金。所以，單靠北海就足以償還德國的債務了。

哈柏於是對「人工合成的海水」，進行一系列用醋酸鉛和硫化銨把金離子沉澱下來的實驗。他得到的結論是：即使海水中的黃金含量低到每噸海水中僅有五毫克，依然可以用很經濟的方法把它分離出來。然後他開始查證先前文獻中估計的黃金濃度，甚至還祕密裝設了一艘往返於漢堡與美國的船，船上配有一間實驗室和萃取黃金的工廠。

現在，哈柏開始從事分析工作，這是一門既是藝術又是科學的工作。以下這段敘述是工作期間發生的事情：

然而，問題漸漸出現了。哈柏研究了涵蓋大西洋廣袤的海域以及冰島、格陵蘭以及北海的海水。他發現黃金的含量隨地區的不同，變化相當大，例如，就固定體積來說，北大西洋的海水含金量是南大西洋的十倍。哈柏從加州金礦區附近的近海取了超過一百個海水樣品，他發現甚至潮汐的變化都會使結果有很大的不同。此外，分析結果顯示：使用適於高濃度金的方法檢驗低濃度金的水時，結果會反映出使用的試劑和容器中的金含量……最後，哈柏判斷李維西吉根本是錯的，他提出兩項和李維西吉相左的論點；那就是，沒有一處海水的金含量超過每立方公尺0.001毫克，並且黃金是以懸浮物形式存在的，而不是溶解在溶液中。

說到這兒，我們遇到了另一種化學上特有的張力，那就是懷疑與信任。起初，哈柏相信李維西吉，以及在這領域裡很活躍的化學家松史達特（Edward Sonstadt）的分析。但是，在他隨後寫的論文裡，哈柏分別批評松史達特和李維西吉兩人；因為松史達特無疑是受試劑造成的汙染所欺，而在他發表於1892年的一篇論文裡，他

似乎也照實承認了這項錯誤。哈柏對李維西吉的批評則是就技術立場加以指責；因為，李維西吉使用的實驗方法需要用到極靈敏的萃取法。李維西吉用不適當的實驗方法，輕易得到結果，令人悲傷，套用哈柏的話說：「我們熟悉的方法竟未能使李維西吉著迷。」

哈柏這位現代的煉金術士失望透了。

1933年初，希特勒和德國的國家社會主義者，帶著意圖排斥猶太人的主張，接掌了德國政權。同年4月，他們下令把猶太人逐出德國政府。至此哈柏的世界破滅了，他原非真正的猶太人，如今卻成了猶太人。哈柏代表的是德籍猶太人的一個極端，他不但把自己融合到德國文化中，也極端愛國。愛因斯坦則代表另一個極端，他是德國人，但對自己的祖國總是心存懷疑。意氣本已消沉的哈柏，被這些事件的轉變擊潰了。斯特恩對當時的情形做了如下的描述：

同事的沉默無言和精英份子的背叛，是會把人摧毀的。愛因斯坦從流亡地寫了一封信給哈柏，信中充滿對他所遭遇命運的同情：「我可以想像你內心的衝突。這就像一個人必須放棄他終身研究的理論一般。但是對我而言則不同，因為我始終一點兒也不相信它。」信中的理論，指的就是對於德國社會的行為準則有信心，認為未來猶太人可與基督徒一同生活與工作。

哈柏還是可以待在他的職位上，因為當時的法律把戰爭有功人員排除在撤職對象之外；不過，他可能得被迫把猶太籍的工作夥伴解雇。哈柏決意辭職而不願留下。這兒摘錄了一段哈柏於1933年4月30日，寫給納粹科學人文暨教育部長的辭職信函：

我決定請辭，是因為部長先生您和您部裡所倡導，做為目前國家大躍進的見解，與我熟悉的研究傳統有顯著差異。在我的科學研究室裡，向來在選用共事人的時候，只考慮申請人的專業與個人條件，而不在意他們的種族背景。您無法期望一個活了六十五歲的人，改變過去三十九年學府生涯裡引導他的思考方式；所以您應當能理解他畢生奉獻德國鄉土的自負，如今卻要提出這項退職請求。

那位部長則說他已妥善除掉了哈柏這個猶太人。

此後哈柏不再戴著面具了；1933 年 8 月，哈柏寫信給愛因斯坦說：「我這輩子從未比現在更像猶太人。」哈柏從德國前往瑞士，他想過到先前的敵國（英國）任職，也考慮安頓在巴勒斯坦。他是一個絕望的人。這位偉大的德國化學家在 1934 年 1 月 29 日，逝世於瑞士西北部的巴塞爾市，這個城市的地理環境雖然與他的故鄉很相近，但在精神上卻相去甚遙。

他死後不到十年，就有另一項化學工業產品——另一種氣體，用於謀殺上百萬個關在納粹屠殺營裡的哈柏猶太同胞。

第七部

化學魔術

第**34**章

催化劑！

在哈柏合成氨的成就當中，最重要的就是催化劑的發明。深具洞見的化學家扎爾（Richard Zare）說：「若要我選擇一個最能捕捉化學特性的字眼，那麼非『催化劑』莫屬。」沒有任何領域有和「催化劑」相等的字。

扎爾是對的。催化劑的確很接近化學的中心，只要少量添加到反應中，就能使反應變快，而且通常會快很多，它是參與反應後又能再生的物質。同時，催化作用還觸及兩項人類的原始課題，那就是：

一、它把幾乎不可能的事變成可能，也就是克服障礙。
二、它是消耗與再生的奇蹟，也就是死亡與復活的奇蹟。

因為這些課題是我們總體潛意識裡的一部分；所以，化學催化劑是令非化學家感到迷惑的東西。但是，就某些基本面來說，催化劑也是可以充分了解的；在許多令人感到深奧難解的科學之中，催

化劑算是可以為人們所領會與認同的事物。

　　這兒的兩個實例有助於表現這種概念的普適性。其中之一是歌德用擬人化筆法寫了一本獨特的化學小說《親和力》（此書在「催化劑」一詞創造出來前幾十年，就已經出版了），書中出現一個叫做「米特勒」（Mittler）的古怪角色。他把「絕不進入任何有爭端待解決或有疑義要解釋的房子，當成一生最重要的行事原則。」

　　另一個例子則是，將近兩百年後，美國時尚設計師哈斯頓（Roy Halston Frowick）決定要引介一種新款香水。他們與行銷顧問以其香味的感覺，共同創造出名為「催化劑！」的香水，還利用《紐約時報雜誌》上多頁篇幅來誇示這項產品，使它充滿色情隱喻。那位廣告公司的撰稿員想必曾經上過化學課，因為廣告詞上這麼寫著：

　　　　氣候逐漸改變……
　　　　擾動了平衡……
　　　　催化劑，
　　　　獻給有能力改變明日的現代女性
　　　　女人味、浪漫，和少許能造成分裂的──
　　　　催化劑……

　　催化作用的基本特性很容易了解。拿一個典型的化學反應來說吧：

$$\underset{\text{反應物}}{A + B} \quad \rightleftarrows \quad \underset{\text{產物}}{C + D}$$

　　我們曉得所有這樣的反應都是平衡的，也就是雙向反應同時發生。然而，屢見不鮮的是，我們把A和B混合了，但幾乎什麼反應也沒發生（對我們真正希望發生的反應來說，似乎總是如此），反應物仍然保持原樣。更確切的說吧，平衡並未迅速達成。且讓我們看看為何如此。

　　由於反應物A和反應物B是原子以某些特殊方式相互鍵結所構成的分子，C和D則是以與A、B完全相同的原子構成的相異分子。所以要使反應從A和B產生C和D，化學鍵必須先斷裂，然後再形成新的鍵結。但是，要使舊有的連結鬆開，必須消耗能量；而且在反應前期，或許還無法感覺到產物的新鍵結占有優勢。總而言之，造成這種結果的原因是——活化能反應障礙。

　　因此我們嘗試用催化劑，也許是一種元素或化合物，添加到反應的分子（多半是混合物）中。就把這催化劑稱為X吧（事實上，化學公司使用的催化劑，常常是商業機密）。催化劑X並不是站在一旁，以變魔術的方式作用，而是直接參與反應，並且能啟動一連串反應，但這些反應顯示的淨結果，卻好像沒有催化劑參與一樣。這裡就有個最簡單的催化劑作用形式：

$$A + X \rightleftarrows AX$$
$$AX + B \rightleftarrows C + D + X$$

　　你可以看到，A反應物和催化劑作用產生了「中間產物」，也就是分子AX。這個中間產物的壽命很短，很快就和另一種反應物（姑且叫它B）發生反應。第二個反應則是用一步或好幾步的方式，生成產物C和D，並且重新生成催化劑X。然後再生的催化劑馬上又去引導另一批反應物來跳這場分子之舞。

請注意，全部的變化剛好就是：

$$A + B \rightleftarrows C + D.$$

為了不讓你以為這只是一種形式主義，我立刻用普通的語言，表達這個抽象系統。如今，幾乎每個人都知道，大氣中不可或缺但日漸稀薄的臭氧層，正面臨來自氟氯碳化物的問題。大氣層上方的臭氧，會經由某種天然的過程形成與再生。至於氟氯碳化物在海平面上原本是不起作用的，但是一旦升到大氣平流層，就會受太陽光分解，產生氯原子（Cl）。於是，一連串的反應就隨之發生了：

$$Cl + O_3 \rightleftarrows OCl + O_2$$
$$OCl + O \rightleftarrows O_2 + Cl$$

OCl是中間產物，它像是催化劑的相對物質，因為這個分子在反應的期間產生，隨後又消耗掉。至於參與第二個反應的氧原子，在海平面上並不常見，但在海平面以上三十公里處則含量充沛，故得以參與這場化學反應。這場化學反應的淨反應為：

$$O_3 + O \rightleftarrows 2O_2$$

也就是把一個臭氧分子和一個氧原子轉變成兩個氧分子。事實上，這個反應無論如何都會發生；氟氯碳化物的作用只是提供另一個把臭氧耗盡的管道。這不是魔術，而是經過氯原子催化造成的。

請你注意這個實例中，另一個和「同中有異」有關的現象，也就是氧元素以三種「同素異形體」出現：氧原子（O）、氧分子（O_2）和臭氧（O_3）。其中，具有雙原子的氧分子是地表上最穩定的形式。

　　為什麼在有催化劑存在的條件下，反應會較快趨向平衡？這是因為催化劑的介入，使反應超越了把A、B原子重組成為產物的能量障礙。催化劑分子能鬆開鍵結（可能是一次使一個鍵結鬆開），降低活化能。但並不是每個X都會這麼做，只有某些會，因此對這方面還有再設計和創新的空間。

　　催化作用之所以令人著迷，是因為它顯著的神奇魔力：

一、催化劑X使不可能發生的事情發生了（這並不表示我們總是希望這種變化發生，例如大氣層臭氧的例子，圖34.1）。

圖34.1　1992年2月17日的《時代》雜誌封面，顯示臭氧讓天空破了洞。（© Time Inc.）

二、只要非常少量的催化劑就能轉變大量的物質。原則上，以
　　上所列示的那套反應可以永遠進行；但實際上，催化劑終
　　會被一些別的化學作用給耗盡。

三、X是可能再生的。因此會造成觀察者誤以為X並沒有參與
　　反應；但它的確參與了反應，要不是X伸出它的化學援
　　手，什麼反應也不可能發生。

　　前面我們已看到氟氯碳化物產生的氯原子，會催化我們不希望
發生的反應。接下來我要舉出兩個對人類有助益的催化劑實例，這
兩者對我們的生活而言都是不可或缺的。其中一種催化劑用在現代
的汽車上，另一種則在你的體內運作。

第 35 章

三向反應

　　沒有哪個社會像美國這麼依賴汽車——汽車既是僕人，也是主人。但沒有任何人能與一輛車終身廝守。大量生產而價廉的汽車，基本上都是大眾化、普遍化的國民車。而我認為，把層出不窮的交通事故全歸咎成汽車惹的禍，真是一點也不為過。我們犧牲掉更合理的運輸工具，卻把經費用來資助高速公路的建設，使得大眾運輸系統萎縮。此外，長期漠視汽車的品管與燃料的效率，致使這項可以促進美國貿易順差成長的商品，失去原有的優勢。雖然美國的汽車工業已東山再起，但卻為時已晚。

　　那麼，關於美國和美國人對於汽車的熱情，可有建設性的方面可談？當然有，經由立法和工業的靈活應變，已使美國比其他國家更早面對汽車廢氣的汙染問題，並且用催化劑解決了這個問題。

　　汽車內燃機中使用的燃料是碳氫化合物「辛烷」（C_8H_{18}）。它燃燒時時產生二氧化碳和水：

$$C_8H_{18} + 12.5O_2 \rightleftarrows 8CO_2 + 9H_2O$$

如果這就是全部的反應，那就一點問題也沒有。雖然二氧化碳會造成全球氣候暖化，但它並不是主要的汙染物。

事實上，汽車內燃機並不理想。首先，會有少量碳氫化合物沒有燃燒，直接揮發掉。再者，燃燒可能並不完全，導致除了產生二氧化碳外，也會產生一氧化碳。第三點則是有少量無辜的氮氣，會伴隨大氣中的氧氣經由化油器進入內燃室，在燃燒的高溫下，和氧氣發生反應（就跟閃電放電情形一樣）。反應的產物是氮氧化物的混合物，通常以NO_x表示，主要產物是NO，也就是一氧化氮。

以上提到的三種副產物——碳氫化合物、一氧化碳和氮氧化物，全是造成汙染的物質。在某種大氣環境下，當日光照射，碳氫化合物與氮氧化物的濃度提高，導致光化學煙霧形成。而我們那平流層的恩者——臭氧，也於焉形成，只不過它在低海拔處搖身一變，成了貨真價實的惡徒。光化學煙霧會使眼睛不舒服、損害呼吸系統、破壞地面的草木和物料。至於汙染物一氧化碳，則如同第10章最後討論過的，會與部分血紅素結合，影響我們的運動機能。

在洛杉磯盆地發生的嚴重空氣汙染問題，迫使加州政府成為領導全美強制執行廢氣排放管制的先驅。起初，汽車製造商大聲疾呼他們辦不到；但事實上他們還是達成了這項要求。以1966年之前出廠的老車來說，每行駛一英里就會排放出10.6公克的碳氫化合物、84公克的一氧化碳和4.1公克的氮氧化物。但是1993年，他們達成了加州政府的限制標準，汽車每英里排放廢氣量在碳氫化合物0.25公克、一氧化碳3.4公克和氮氧化物0.4公克以下。這可不是輕微的降低廢氣含量，而是十倍到四十倍的降幅。

這項偉大的工業成就，主要歸功於一種叫做TWC的工業催化劑（又稱觸媒）。

　　TWC是「三向觸媒」（three-way catalyst）的簡寫，而「三向」是指這種催化劑能同時處理碳氫化合物、一氧化碳和氮氧化物。要談這項催化劑研發的概念，必須追溯到由埃索（Esso，現更名為艾克森，即Exxon）公司的葛羅斯（G. P. Gross）、比勒（W. F. Biller）、格林（D. F. Greene）和凱爾比（K. K. Kearby）提出的一項三十年專利。此催化劑的重要金屬成分——銠（Rh），則是阿莫科（Amoco）公司的馬蓋林恩（G. Meguerian）、赫爾須柏格（E. Hirschberg）和瑞可夫斯基（F. Rakovsky）於1970年代提出的。

　　利用觸媒來處理汽車廢氣的做法，在美國1975年份的車款上率先實施。而最早裝有TWC並配備所需的電子回授系統的車種，則是1979年在加州銷售的富豪汽車。這種汽車觸媒只有在空氣對燃料的比值接近14.65的特定條件下，才能良好運作；因此，還需要連帶有精密的燃料控制。

　　TWC就如同任何優良的催化劑一樣，是均勻的混合物。它的組成是在陶製的蜂巢狀通道壁上，薄塗一層多孔礬土（Al_2O_3），而礬土之中或表面上，含有一些其他金屬：二氧化鈰（CeO_2）、氧化鑭（La_3O_2），有時則是氧化鋇（BaO）或氧化鎳（NiO）。並且，施於礬土表面的物質中有1%至2%是貴金屬，如鉑（Pt，也稱為白金）、鈀（Pd）和銠；要是少了它們，TWC就不具活性。次頁圖35.1即顯示一個採用TWC做為催化劑的典型「觸媒轉換器」剖面。

　　有些催化劑的成分包含了這三種金屬的每一種，有些則不然。但沒有一種催化劑能省去銠金屬，因為它是三種金屬中最具活性的一個。以小型車的典型觸媒轉換器來說，大約含有0.33公克的銠；此外再添加其他成分進去。薛力夫（Mordecai Shelef）和格拉罕（G. W. Graham）是這個領域裡十分活躍的研究員，他們說：「這些

圖35.1   典型觸媒轉化器的剖面。由福特公司的福特研究所提供。

不同的成分，在沉積的流程與觸媒的組成上，具有了無限可能的排列組合方式。可想而知，確切的成分是觸媒製造商用以生財的工具，必然是商業機密，絕不會輕易外洩。」

鉻的催化效率高，但也十分昂貴，價格約為黃金的三倍。鉻是煉鉑得到的副產物；全世界的鉻供應量有74％來自南非，21％來自蘇俄。1993年，全世界鉻的供應量有90％用於製造TWC。要是能用其他觸媒成分取代鉻，該有多好！但是，至今還未發現能像鉻作用得那麼好的物質。

然而，究竟這種催化劑是怎麼作用的呢？如果我告訴你至今對這方面只有零星、不完整的認識，因此尚無定論時，但願你不要覺得失望。這並不是因為不願嘗試了解。事實上，想要求取該催化過

程的可靠知識，並從這些知識合理推想如何能取代銠金屬的經濟誘
因相當大。

　　不過，可以確定的是，催化過程決非一蹴即成，它絕不是把所
有成分（碳氫化合物、一氧化碳和氮氧化物）一併在銠金屬的表面
上精巧的兜合起來，然後立即重組形成產物。這種可能性簡直微乎
其微。這項催化反應可能是由許多較簡單的步驟組成一連串極快速
的反應，而每次只有一或二個分子參與反應。

　　這裡且舉出一個連續反應，我們的目的在探討發生於一氧化氮
和一氧化碳的反應。以一氧化氮和一氧化碳的吸附作用（結合到催
化劑表面）做為開始：

$$\text{NO(g)} \;\rightleftarrows\; \text{NO(a)}$$
$$\text{CO(g)} \;\rightleftarrows\; \text{CO(a)}$$

　　此處(g)指的是「在氣相中」，而(a)指的是「吸附和結合到金
屬上」。且以圖35.2說明這其中的反應情形（圖中只畫出一氧化氮
分子）。

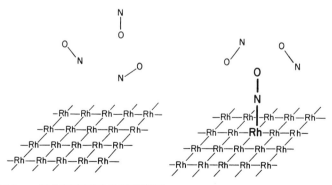

圖35.2　一氧化氮來到銠金屬的表面。

　　這個非常卓越的實驗，可以證明一氧化氮的這種化學吸附作用。接著，「有些人」就認為，兩個一氧化氮會在金屬表面上結合，形成氮—氮鍵：

$$2NO(a) \rightleftarrows (NO)_2(a)$$

　　這其實是我和渥德（Tom Ward）從理論方面進行研究的一個步驟。我們提出如圖35.3的假設反應途徑，並且推想出銠之所以作用得比鈀或鉑好的原因。

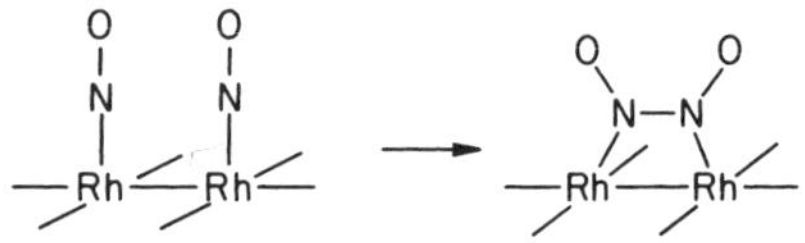

圖35.3　兩個一氧化氮進行化學吸附後偶合的假設反應途徑。

　　請記得，我是說「有些人」，而不是所有人都認同這個想法。並且，只要有還未獲得證實之處，那兒就會有論戰發生。當然有些人會支持另一系列的反應，但是區分各種反應機構的實驗，至今還無法實行，所以論戰就這樣持續下去。

　　再接下來有人認為，吸附在銠上的一氧化氮會形成氧化亞氮（N_2O），並且這個分子會再吸附到金屬表面上：

$$(NO)_2(a) \rightleftarrows N_2O(g) + O(a)$$
$$N_2O(g) \rightleftarrows N_2O(a)$$

然後氧化亞氮會在金屬表面上分裂，釋出好的、無害的氮氣：

$$N_2O(a) \quad \rightleftarrows \quad N_2(g) + O(a)$$

請注意，這些步驟中，有多處可形成以化學方式附著在金屬表面的氧原子（而不是分子）。然後，這些氧原子使一氧化碳（及碳氫化合物）得以完成「燃燒」的反應。

$$CO(a) + O(a) \quad \rightleftarrows \quad CO_2(g)$$

然而，不知何故，我懷疑反應過程應該不會如此簡單。

無論如何，這種催化劑的確能發生作用。我不希望讀者忽視了TWC製造者不可思議的、如同愛迪生般一再嘗試後得到的成就。這項成就使汽車排放的汙染物降低到只剩三十年前的幾個百分比。不過我們尚未了解這些催化劑是怎樣作用的，這是我們在發現方面的弱點，也是我們在觸媒創新設計上必須配合完成的研究；它同時也是對我們的挑戰。

最後，請你回想在第10章最後提及的，有關一氧化碳的致命性偽裝。薛力夫從他的一項謹慎分析當中，歸納出以下結論：

1970 年，在嚴格管制汽機車廢氣排放確實履行以前，美國每年因汽機車廢氣中的一氧化碳，導致致命意外的事故有八百件，自殺事故有二千件（占總自殺件數的近10%）。1987 年，汽機車廢氣造成的致命意外事件，總件數為四百件，自殺件數為二千七百件。把人口成長與汽車登記增加的因素考慮進去，美國於 1987 年全年，

從汽機車廢氣造成的意外中挽回的性命，為一千二百人，免於發生
的自殺事件有一千四百件。

這項發現與 1960 年代，英格蘭和威爾斯兩地的總自殺比率減
少 35% 相似，追究其自殺率減少的唯一原因是 —— 當地家用瓦斯
中所含的一氧化碳濃度降低了。這是因為從前的瓦斯是以煤炭製造
的，所以含有高達 14% 的一氧化碳；後來才改用北海出產的天然
氣，這種天然氣的一氧化碳含量非常少。

第 **36** 章

羧肽酶

前面提過的三向觸媒是鉑、鈀和銠三種金屬粒子的混合物。另一種金屬原子——鋅，則在接下來要談到的生物催化劑（enzyme，我們稱為「酵素」或是「酶」）的作用上，扮演了重要的角色。酵素是蛋白質，也就是由胺基酸串成的鏈。它們幾乎完全是由碳、氫、氧、氮和硫原子組成。但是酵素的活性中心，常常會利用一些基本的金屬原子，如：鐵、銅、錳、鉬、鎂、鋅和其他金屬。不過這些金屬在生物系統中的重要性，和它們在地殼中的豐度無關。

羧肽酶 A（carboxypeptidase A）是一種消化酶。動物攝食的分子必須先分解，才能重新建構成較大和較佳的分子。但是這個過程可不是把原來的分子徹底分解成原子，那樣太沒效率了。事實上，只要分解成含二到十一個碳原子的胺基酸建構單元就行了，因為一套這樣的分子建構單元，就足以創造出生化上的多樣性。

我們需要攝食蛋白質，而羧肽酶 A 是蛋白酶（protease），能把蛋白質切碎；它從多肽鏈的一端把胺基酸一個個水解下來。每種蛋白質會水解成特定的胺基酸組成。次頁圖 36.1 就是它的化學作用。

圖 36.1　由羧肽酶 A 完成的化學反應。

　　請你注意這個反應有多簡單；它只不過是把水加到左邊箭頭標示的碳—氮鍵上。那麼，誰需要這樣的酵素？我們人類需要。因為在缺少酵素的情況下，這個簡單的反應 A + H_2O ⇌ B + C，就無法有效進行。

　　讓我說得更具體一些吧！坎納（D. Kahne）和史狄爾（W. C. Still）曾經對一段胜肽（peptide）進行測量，他們發現在沒有酵素的情況下，必須耗上七年的時間才能打斷半數的碳—氮鍵。所以要消化一個漢堡，得等上非常非常久的時間。

　　在生化系統中，受質（substrate，就是與酵素作用的分子，習慣上用 S 來表示）和水會被送達酵素（E）那兒。酵素以一連串的反應，展現它那顯而易見的效能。它把產物釋出以後，又重複進行催化的工作。我們可以把這個過程用以下的反應序列簡明表示。

$$E + S \rightleftarrows ES$$
$$ES + H_2O \rightleftarrows E + P$$

此處 ES 是酵素和待分解的蛋白質所形成的複合體，也就是中

間產物。

　　我們會對這樣的反應感到好奇，想知道酵素究竟是怎麼作用的。要找出這個問題的答案，勢必要從酵素的結構來著手探究。我們也需要知道中間產物ES的形狀。不過，探究這兩者就好比張網捕風般困難。酵素之所以為酵素，並非浪得虛名，它能夠非常有效率的催化相關的化學反應。

　　ES是存在的，不過它向來轉瞬即逝；因為典型的酵素每秒鐘能對一億個分子進行加工。

　　因此，研究酵素作用最重要的技巧，就是使催化過程慢下來。經由試驗，你可以找到一種受質S'；它能與酵素結合，卻不會迅速被酵素分解。所以ES'會停留夠長的時間，使我們能測到它的結構。由於酵素的化學作用持續不斷並且一致，所以S'與S兩者之間可謂既相同又相異。而我們從ES'的結構所學到的知識（因為這狀態停留得夠久，足以讓我們研究它），或許能適用於ES的情況。

　　李普斯寇姆（William N. Lipscomb）和他的研究夥伴分離出羧肽酶A，並建立羧肽酶A的幾種「酵素—受質」複合物的結構。李普斯寇姆是我攻讀博士學位時的指導教授之一，儘管我研究的化學論題和他的酵素領域相去甚遠。

　　羧肽酶A包含一條長約九百個原子的胜肽鏈，鏈上連接了許多基團；它一共含有三百零七個胺基酸，折疊成大約$50 \times 42 \times 38$ Å的緊密形狀（1 Å等於1×10^{-8}公分。經測量，一個氧分子的長度約為3Å）。次頁的圖36.2即顯示羧肽酶A的結構及複合物（ES'）的結構；其中，複合物是帶著一個叫做甘胺醯基酪胺酸（glycyltyrosine）的受質，它需要很長的時間才能由酵素分解。

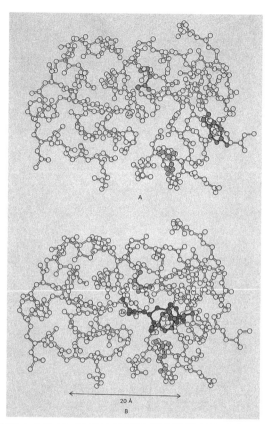

圖36.2　羧肽酶A（圖A）與它的甘胺醯機酪胺酸的複合物（圖B）的結
　　　　構。此圖依據李普斯寇姆的論文繪成。實際的插圖則取材自史特萊
　　　　爾所著的《生物化學》第三版。

　　圖36.3把「酵素─受質」的複合物放大了；圖中與酵素結合的
甘胺醯基酪胺酸以紅色表示。

　　酵素的結構上必然有讓受質結合的位置，你可以說它是一個凹

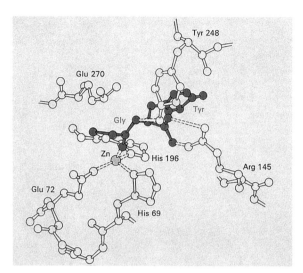

圖36.3　與羧肽酶A結合的甘胺醯酪胺酸的周圍環境。這個分子結構根據布
　　　　羅（D. M. Blow）和史帝茲（A. Steitz）的論文〈酵素的X射線繞射
　　　　研究〉（*Annual Rewiews of Biochemistry* 39, No. 79, 1970）插圖則取
　　　　材自史特萊爾所著的《生物化學》第三版。

槽、一個小洞、一個鑰匙孔，或任何比喻。但實際情況卻比這些比
喻還複雜，因為那個凹槽、小洞或是鑰匙孔並不是靜止不動的──
它還會「呼吸」呢！或者，讓我們用較不擬人化的方式來說，這個
酵素和受質結合時，會重新調整形狀。

　　寇許蘭德（Daniel Koshland）提出了「誘導式接合」（induced-
fit）酵素作用模型，並強而有力的主張：這樣的情形時常在酵素上
發生。你會看到有一個胺基酸（酪胺酸248，在圖36.2中以藍色標
示，數字248是指胺基酸的排列序號）的幾個原子，在該酵素回應

受質的結合時，會移動 12 Å 那麼遠的距離（是該酵素直線寬度的四分之一）。

這裡有史特萊爾（Lubert Stryer）講述有關酵素的話：

受縛的受質四面八方都有酵素的催化基包圍，這樣的布置能促進催化作用……不過很顯然，受質無法進入這樣的催化基陣列，而且產物也無法離開；除非那個酵素是可以彎曲變形的。可以「彎折」的蛋白質比僵硬不可彎曲的蛋白質，更能為擁有催化潛力的分子構形，提出更多的演出戲碼。

最後，李普斯寇姆做的美妙研究，解開了羧肽酶A神奇切斷胜肽鏈的詳細反應機構。這個反應機構如圖 36.4 所示。圖 36.4 的上圖顯示，水分子受一個鋅離子和蛋白質上的一個特定胺基酸——穀胺酸 270「激活」後，進攻「受質—酵素」複合物 ES；於是，另一個中間產物的複合體便形成了，從圖 36.4 的中圖可看到，這個中間產物崩解時，碳—氮鍵被切斷，氫原子再度從重要的穀胺酸 270 上回到氮原子。這可是藉著酵素上的胺基酸精（胺酸 145、酪胺酸 248 和精胺酸 127）的幫助，才得以完成，圖 36.4 下圖顯示即將釋放出來的產物片段。

大自然對這生化過程中所包含的美妙「複雜性」，比起你家後院一平方公尺內所蘊含的無數生命，或比起美國最高法院對墮胎權的考量來說，毫不遜色。

宗教歷史學家伊利亞德（Mircea Eliade），寫過一本著名好書《熔爐與坩堝》（*The Forge and the Crucible*），探索宗教、冶金學和煉金術之間的關係。在他那絕妙的結論篇中，伊利亞德提出他驚人

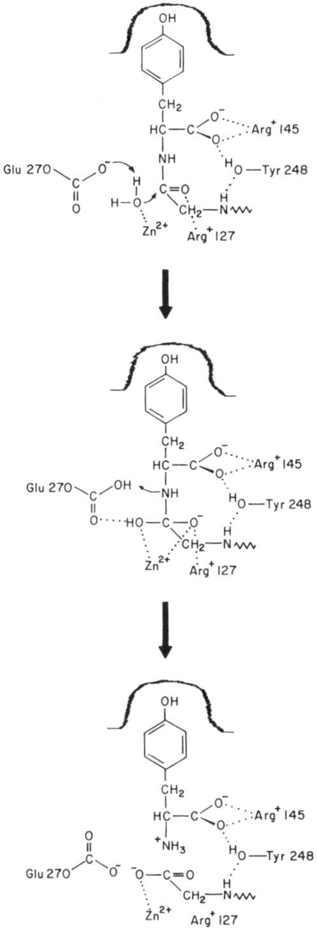

圖36.4 羧肽酶A的作用機制。取材自克理斯汀森（D. W. Christianson）和
李普斯寇姆的論文。

的發現：那些煉金術士追求的目標，是要加速金屬從賤金屬到貴金屬的「自然」發展過程，並且期望身體也獲得相似的轉變——即從生病轉變為健康，從必死轉變成長生不死。但是，煉金術士最後失敗了，現代的化學家和醫生取而代之；雖然化學家和醫生都否認與煉金術有任何關聯，但是他們在催化劑、物質的組成，到藥物的發明與發現等方面，已達成了煉金術士原先目標中的極大部分。

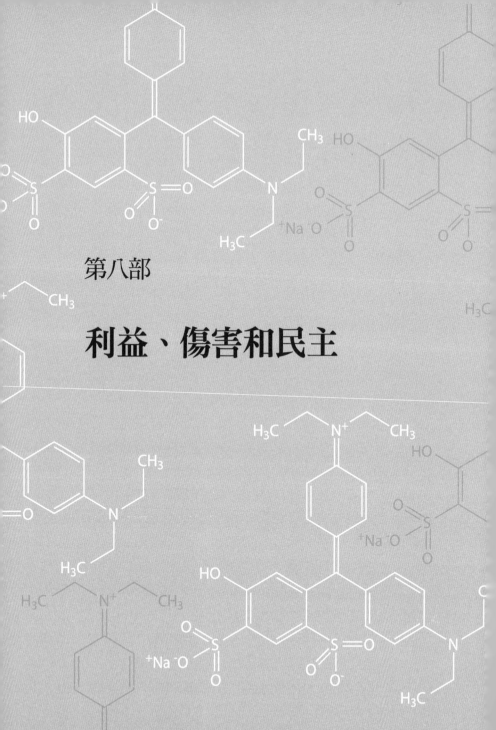

第八部

利益、傷害和民主

第**37**章

神奇靛藍

在人類的環境中，任何事物都具備「有利」和「可能有害」的雙重性質，這是實際、易犯錯而又具備道德感的人類必須面對的。像汽車、麵包刀和電視節目，可能對我們有益，也可能有害。而就當今人們對大型化學工業運作所持的態度而言，這樣的雙重性質就更顯得重要了。其實，當你考慮到化學工業帶來的報酬、豐富的產品和大小工廠所排放的廢物時，你就等於在凝神注視著傑納斯的肖像（見第26頁圖1.3）。

化學工業會永久存在，因為我們若不改變生活環境，就難以生存。有許多實用的原始化學，像冶金術、化妝品、發酵與蒸餾、染色、藥劑處方和食物的製備，在分子科學出現前就已伴隨我們幾千年了。這些經由化學變化產生的物品，很早以前就成為有系統的交易商品。

我想到一個這方面的例子，是關於神奇美妙的色素「泰爾紫」（tyrian purple）的製造。自古羅馬時代起（以及在希伯來人的生活裡），介於紅色到藍黑色的紫色毛料就極受珍愛，並稱它為「泰爾

紫」或「王室紫」。普林尼（Pliny）形容它是「凝固的血色，第一眼看到是黑的，但是放在陽光底下就會閃閃發光」。在當時的羅馬共和國，只有監察官和戰勝的將軍才配穿著全身紫色的衣服，執政官只能穿著鑲紫邊的寬袍，而戰場上的將官則身穿紫色的披風。

泰爾紫或王室紫的製造，在羅馬帝國受到嚴格限制，只有皇家染坊有權製造，私下製造王室紫的人會遭處死。就在當時，希伯來人也在《舊約聖經》上記載了一種藍色的染料配方；經文上記載，要他們在衣服邊上做縫子，再釘一根藍細帶子，希伯來人稱這種藍色為「特賀樂」（tekhelet），我們稱它「聖經藍」。

泰爾紫和聖經藍都由動物身上取得，而且必須細心的從三種腹足類骨螺身上抽取，所以非常昂貴。這三種骨螺的學名分別是：川克拉斯骨螺（*Trunculariopsis trunculus*），紫染料骨螺（*Murex brandaris*）和血口骨螺（*Thais haemastoma*），見圖37.1。

圖37.1　能產生泰爾紫染料的三種骨螺。由左至右：紫染料骨螺、川克拉斯骨螺、血口骨螺（D. Darom攝）。

　　這些美麗的骨螺身上有一層外套膜，在外套膜之中有一條鰓下腺。這個鰓下腺化學工廠有許多功能，不僅能產生黏液狀物質，包裹砂石顆粒將之排出體外，還能產生數種具有神經毒性的攻擊用化學物質。此外，這條鰓下腺還會釋放出一種澄清的液體，它就是泰爾紫染料的前身。這種液體接觸到空氣中的氧氣時，會在酵素和陽光的作用下（後者尤其重要），從微白色變成膿黃色，然後變綠，最後變成藍色和紫色。亞里斯多德是細心的觀察者，他和普林尼兩人都對這些骨螺和染料的抽取方法，做了詳盡的描述。

　　當時人們仔細鑑定這些骨螺的種類確定無誤後，會小心翼翼把骨螺的外殼弄碎，蒐集寶貴的外套膜液，並使其發生反應。把反應產生的染料分離出來後，先濃縮，再用於染羊毛或染絲。其中也許有簡單的化學程序——一連串氧化還原的反應；因為氧化還原反應是溶解染料所必需的，如此一來染劑才能固定在羊毛或絲的纖維上。

　　沿地中海東岸探勘，我們發現了關於這項化學機智活動的考古證據。這些證據顯示，當時腓尼基的化學家似乎也有廢物丟棄的問題，因為被他們棄置的骨螺外殼分布的範圍很廣。

　　長久以來，就有一種非常類似泰爾紫和聖經藍的染料來源，而且比使用骨螺經濟得多。這種藍紫色染料得自木藍屬（*Indigofera*）的豆科植物；這種植物廣布於溫暖的氣候環境下，在印度很容易培植，是當地重要的貿易商品。圖37.2的上圖即是木藍田。251頁圖37.3取材自1753年狄德羅（Denis Diderot）出版的古典百科全書，圖中描繪的是木藍染料的生產。其中，發酵和氧化的階段就在這些大槽中進行。

　　另一種紫染料的來源是菘藍（見圖37.2下圖），它又名大青，

學名為*Isatis tinctoria*。這種植物廣布於歐洲，並跨至亞洲；在較北
的溫帶氣候區中受到廣泛利用，直到後來才被經由東印度交易而來
的南方木藍取代。

圖 37.2　上，加州的木藍田。下，法國的菘藍田。

圖37.3　木藍染料的生產。

　　為什麼豆科植物與骨螺會合成出完全相同的分子？這是一個好問題，它必然與生物體共同具有的生化途徑和演化的神奇遊戲有關。我還能舉出其他在分類上分屬不同「門」的生物，但卻能製造出相同複雜分子的實例。例如假荊芥內酯（nepetalactone），它是貓薄荷的活性要素，既可以得自薄荷，也可以得自一種竹節蟲；還有從蟾蜍毒液中得到的強心劑蟾甾二烯內酯（bufadienolide），也可以得自螢火蟲。

　　十九世紀後半，我們曉得從骨螺、木藍和菘藍得到的紫色，都是由一種叫做「靛藍」（indigo）的分子產生的，它的結構如圖37.4所示。此外，我們也從某些種類的動物身上，發現靛藍的類似分子（其中靛藍的兩個氫原子由溴原子取代）。

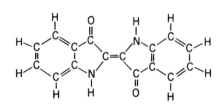

圖37.4　靛藍分子的化學結構。

　　而後，在十九世紀的最後二十多年裡，化學這門科學達到鼎盛
時期，此時德國的化學家已研究出如何合成靛藍染料。他們開發這
項合成或許部分是出於好奇，但是主要目的顯然是以實用和交易為
主；因為染料有市場，尤其是靛藍染料。

第38章

化學和工業

　　從軟體動物養殖場和泰爾紫的原始工廠，到1900年左右，拜耳、德固薩（Degussa）和赫斯特（Hoechst）公司成功的大量製造靛藍染料期間，究竟發生過哪些事情？噢，那可多著呢！比方說，天然物轉變的規模就躍進了一大步，泰爾紫的原始化學，是在對天然物不甚了解的情況下就進行利用，但卻是以了不起的細心和技巧，把天然物轉變成有用的和人們想要的產品，使產品具有商業價值。

　　德國的染料工業也是以天然原料當起始物，首先是用煤焦油，然後採用石油，也使用乙醇、鉀鹼和醋酸。但是十九世紀的工業合成涉及許多階段，化學程序持續演變成我們目前知道的樣子：一系列包含上百個物理操作的反應，在閃亮的玻璃或鋼製容器中進行。這樣龐大的運作方式，足以生產每年染製上百萬條牛仔褲所需的合成靛藍染料。

　　十九世紀下半葉，德國的染料工業有非常戲劇化的進展，從中變化出化學治療、人造肥料和炸藥工業。這其中並沒有什麼是德國

圖38.1　巴斯夫公司的實驗室早期生產的一些合成染料樣品。取材自慕尼黑
　　　　的德國博物館。克拉茲（Otto Krätz）提供。

專有的，因為這些知識就如同所有的化學知識一樣，自古以來都是
屬於人類全體的。

　　工業化國家有愈來愈大部分的產品，本質上皆屬化學產品。
並且國家的富強與否，得直接或間接依賴化學，亦即視這國家在天
然物轉換上的總體能力而定。我定義化學在世界經濟上扮演的角色
時，是把所有天然物質的轉換都包括進去，其中包括了食品加工、
金屬冶煉（這是十分化學的過程），以及能量的生產。（你能說油
料、煤炭或天然氣的燃燒不是化學嗎？）依我計算，化學工業約占
工業化國家生產總值的四分之一，重要性可見一斑。

　　即使大多數的經濟學家把定義限制在化學製程工業上，化學工
業仍然廣泛到包括合成纖維和塑膠、大量化學藥品、肥料、燃料、
潤滑劑、催化劑、吸附劑、陶器、推進燃料、炸藥、顏料、塗覆
劑、彈性高分子、農藥和醫藥等等，而且還有更多。1990年，美國
的化學製程工業售出了價值四千三百二十億美元的貨品，為這些貨
品的原料增添了遠超過成本的價值。

圖 38.2　荷蘭的石油化學工廠（Ian Murphy 攝）。

　　化學工業是對美國貿易淨差有正面貢獻的少數幾個產業之一，而美國的貿易差額則如眾所週知，淨值為負。次頁的圖38.3顯示該差額的幾個主要產業，請注意，只有化學品和商用飛機這兩部分，呈現樂觀的正面收益。

　　第257頁的表列出1993年排名前二十的化學品。我向你保證，這些化學品之所以如此大量製造，絕不是為了好玩，而是因為有人會購買，並且有人使用。而且它們不是奢侈品，而是生活上不可或缺的「麵包」。以排名第一的硫酸為例，最主要用途就是用於人工肥料。但是這些化學品的大量生產，確實引起了一些問題。

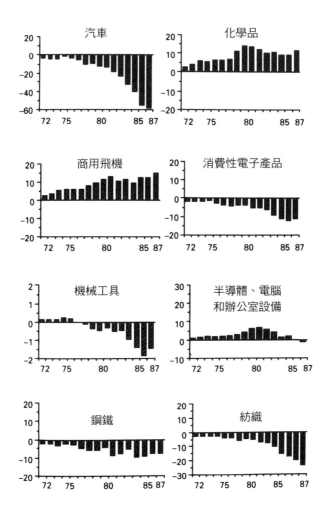

圖 38.3　美國貿易差額的幾個構成部分。縱軸是以「億美元」為量度單位，
　　　　　橫軸為年份。

美國前二十名的化學品

名次	化學品	1993 年在美國的生產量（以億磅為單位）
1	硫酸	80.31
2	氮	65.29
3	氧	46.52
4	乙烯	41.25
5	石灰（氧化鈣）	36.80
6	氨	34.50
7	氫氧化鈉	25.71
8	氯	24.06
9	甲基三級丁基醚	24.05
10	磷酸	23.04
11	丙烯	22.40
12	碳酸鈉	19.80
13	二氯乙烯	17.95
14	硝酸	17.07
15	硝酸銨	16.79
16	尿素	15.66
17	氯乙烯	13.75
18	苯	12.32
19	乙基苯	11.76
20	二氧化碳	10.69

資料來源：以上數據係採自《化學與工程新知》（*Chemical and Engineering News*）第 31 頁，1994 年 7 月出版。

　　思考這前二十名化學品的性質及最終用途，是有趣的事。化學系的學生花了許多時間學習酸和鹼，是有道理的。因為在這前二十名化學品中，就包含了三種酸（硫酸、磷酸和硝酸）和三種鹼（石灰、氫氧化鈉和氨）。酸和鹼是引發變化的物質，它們會引起化學反應。

　　現代農業已經適度（但尚未完全）餵飽全球遽增的人口。造就這項成功的主因在於使用化學肥料。然而，化學密集的現代農業也存在某些問題，諸如：直接排出的肥料會影響水中的生物；農藥製造過程所產生的廢物以及除草劑和殺蟲劑，會對人類和其他生物造成傷害，使地球上的大循環受干擾，並造成全球氣候變遷。這些問題是真實存在的。但是，遍及全世界的受饑兒童至今仍在哭喊著需要食物；而這前二十名化學品中，至少有七種化學分子製造出的化學肥料，正幫助我們回應這些饑餓的哭喊聲。

　　化學品排行榜前二十名變化得十分緩慢。在1993年，沒有任何新的化學品進入名單中，也沒有哪項原有的化學品退出。但是經過一段較長的時間，譬如以五十年來看，就可以看出變化了。從1940年至1995年，新加入這份名單的有乙烯、甲基三級丁基醚、丙烯、二氯乙烯、氯乙烯和乙基苯。並且這些新上榜的化學品中，只有一種不是聚合物世紀的原料，其他都是塑膠和人造纖維的原料。

　　附帶一提，如果汽油也為官方認可為化學品的話，它會是這排行榜上的第一名。因為在美國，不提汽油的其他用途，單是流進汽車油箱的汽油量，就大約是硫酸產量的六倍。汽油的消耗量是如此之大，所以儘管燃料本身並未列入名單上，汽油添加物依然名列榜上。這種汽油添加物叫做甲基三級丁基醚（methyl *tert*-butyl

ether），縮寫成MTBE，結構如圖38.4，它是一顆躍升中的新星，
產量比往年躍升了121%（所以你早該投資它的製造公司）！ MTBE
出現在前二十名化學藥品排行榜中，並引人矚目的一路攀升，印證
了人們對汽車的迷戀，也印證了科學、技術和環保事務與政府的法
令間交互作用的方式。甲基三級丁基醚取代了有害的四乙基鉛，成
為提高辛烷值的汽油添加物。它在每公升汽油中的含量可達7%。

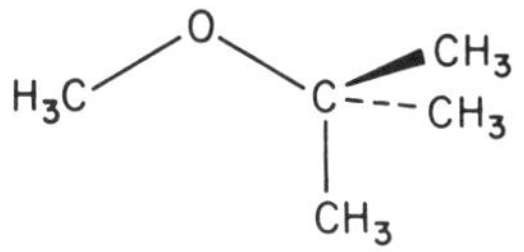

圖38.4　上升的新星——甲基三級丁基醚的化學結構。

　　想想看，什麼化學品會是下一個上榜的分子？

第39章

雅典

在廣大的世界裡，在從利用泰爾紫的原始化學進步到現代化學的期間，還發生了一件值得注意的事，那就是一種古老的思想——民主，於焉深入人心。這種思想是指人民有權治理他們自己（天曉得女性竟要花上兩千四百年，才獲得同等權力），也就是社會契約上自始就暗示的人人約定平等。所以如果男女生活在一起，他們的行事來自他們自己的決定，而不是決定於掌權者、君王或沙皇、黨書記或統治者。

自克里斯提尼（Cleisthenes，雅典民主政治的創立者）在雅典進行民主改革後的兩千五百多年，以及民主重回希臘這片古老而美好的土地之後數十年，這段期間的民主政治是值得深思的。民主政治的思潮不只一次回到社會之中，反映出從前人們在民主政治、寡頭政治和極權暴政等政府形式之間的奮鬥。這樣的主張持續不斷進行，對我們這個時代可說是深具意義。從這裡開始，我要從民主與科技相互影響的意義，來探討「民主」這項社會發明。民主就和年生八十億磅的硫酸一樣，是人類致力獲取的成果。

圖 39.1 由索菲羅斯（Sophilos）製作的雅典花瓶，瓶上畫的是希臘神話英
雄佩琉斯（Peleus）的婚禮。請注意左上方有一個半人半馬怪物
「克戎」的圖樣，他之後會再回到我們的故事裡。古希臘的花瓶是
以含鐵與錳的化合物上色的，燒製的火候對於色彩的決定很重要。

　　古雅典的民主政治基本內容很清楚，即便在激進主義時期也是如此。政府允許所有公民都有權讓法庭聽取其證言，以及在議決時發表意見。不過，他們把婦女、奴隸和稱為「麥提客」（metics）的外來居留者排除在外。但是，我們實在不能奢求把過去與目前的水準相提並論。雅典城邦也要求公民提供義務服務，而且達到至今無可比擬的程度，這些服務大多是屬於政治活動。雅典的民主政治在口頭發言方面，是讓全體公民共同參與的。請你想像在擁有一萬七千位公民的城市裡，陪審團以二百八十對二百二十的票數，表決蘇格拉底有罪！而這並不是當天唯一進行審議的陪審團，同時間可能還有另外九個陪審團也正在審議當中。

　　信任人民、公私分明、並在個人與城邦間訂立社會合約，是希臘民主政治的恆久貢獻。然而古雅典形式的民主政治並未留存下來，它只是為人類對於正義和基本人權的不斷抗爭，提出見證。我要提醒你，在我寫這篇文章時，這類抗爭正在緬甸、古巴、伊拉克和那些我們親眼目睹的東歐事件當中，持續進行。並且，我們都忘不了，中國人民更忘不了，1989年6月4日在天安門廣場上發生的事件。

第 40 章

化學的民主化本質

　　科學和技術已經改變了這個世界，並且大多數是把世界變得更好（但是也有一些不好的影響）。在這裡我要宣稱：科學的影響，尤其是化學影響，無可避免導致了民主化。

　　無論是距今一百五十年前，我曾祖父母的出生地加利西亞奧匈省，或今天非洲薩伊那般窮鄉僻壤的世界，實在都不是人間樂土。但是在那樣的世界裡，仍有許多人居住，並且仍舊是生活在野蠻而不友善的環境裡。人們或許在其間平靜的生存，但是壽命卻和《聖經》中記述的相去甚遠。你只消去看看十九世紀的墓地，或是去閱讀我們祖先留下來令人心碎的日記，就可以看到每十一位兒童中，就有七位在青春期之前就夭折的悲劇，或是分娩有如遭到屠殺的景象。當我聽到反科技者說出，反對化學密集的現代農業、反對藥物治療的時候，就會氣得心跳加速；我為那人的立場缺乏對人類同胞的同情，感到憤怒。

　　如今我們目睹人類壽命加倍，死亡和苦難減少，生育有節制，擁有更多振奮精神的色彩，人們不必去聞下水道汙物的臭味，並且

許多疾病都有法可治（雖然要救治所有疾病很難）；還有，更多人能得到照明和食物，及一般說來較佳的空氣品質；並且可以從螢幕上讀到印度古詩、在廣播中聽到莫札特的〈迴旋曲〉——這些都是現代人的精神食糧，也都是科學家和工程師能引以為傲的事情。

不過，技術與科學也為人們邪惡的慾望服務，像是征服他人、誇大宣傳，甚至對身心造成傷害。有些人認為這是由於科學漠視了道德的緣故，並以此做為責難科學的理由。撇開科學遭誤用不談，對許多低收入者來說，科學就像是精英份子的奢侈品，或者簡直就是特權階級用來壓迫窮人的另一手段。

只一味尋求技術解，意圖以此改善人類的處境，也會引發大自然的反撲。對此我們不必採取敵對的言辭，因為大自然本就是複雜且交互關聯的系統，它是會「演化」，對變化產生反應的系統。同樣的，改善人類生活的化學密集農業和抗生素療法，也會因天擇而篩選出抗殺蟲劑和具抗藥性的生物。但是我確實認為科學的總體影響，是它一貫推動「民主化」——就這個字最深的含意來說，就是使更多的大眾，獲得過去只保留給特權精英的生活必需品和設備。

第**41**章

阿拉爾事件

　　政治民主化是社會變遷的過程，它和「化學」這門使物質變化的科學一樣，都是不可逆的。我之所以要提出這點，是因為我發覺我對化學抱持的想法，似乎很容易在民主化的過程中被遺忘，或是遭人懷疑。

　　讓我用比較諷刺的筆調，模仿化學家所抱持的態度：我們化學家自認為對這世上物質的真實性質、對本身獲得的報酬，以及我們對社會的實際貢獻，都正處於合理的佳境。但在精神方面卻不是這麼回事，我們並未受到應有的尊重，我們被社會定了型，成為製造「非自然物」的人，並且集體被貼上「汙染製造者」的標記。我們被「化學恐懼症」包圍，被人們荒唐無稽的恐懼圍困。至於媒體也好像是在密謀反對我們，那知名的美國女演員梅莉‧史翠普又具備什麼專業知識，能向美國國會證明我們食用的蘋果中含有什麼？

　　說實在的，就讓我用阿拉爾（Alar）的故事（這就是梅莉‧史翠普參與的事件）來談談化學和民主政治吧！

　　「阿拉爾」是亞拉生長素（daminozide）的商品名，它是生長

調節劑，也是施用在蘋果成熟過程中的二十四種合法的化學藥品之一。它能使蘋果在樹上停留較久，長出更結實、更完美無瑕的水果來。但是有少部分的阿拉爾會被吸收到蘋果裡，代謝成結構不對稱的偏二甲肼（unsymmetrical dimethyl hydrazine），簡寫為UDMH。不過，蘋果中的UDMH濃度，或許並不足以對人造成生物效應。有個名為「國家資源保衛會」的公眾覺醒團體，把阿拉爾的用途提出來，並以各種讓人感到大驚小怪的方式，宣揚UDMH這種代謝產物的致癌性。這使那些原本就對阿拉爾處理過的蘋果有顧慮的超市（不管顧慮是否合理），很快就把這些蘋果從貨架上撤掉。最後，生產阿拉爾的有利來路化學（Uniroyal Chemical）公司，只好停止銷售這種植物荷爾蒙。

　　有許多化學家對於這段插曲的本能反應是：一、對這種事感到不耐煩。二、抨擊國家資源保衛會和梅莉・史翠普的動機。三、指出這是不理性的化學恐懼症的典型實例。

　　我要說明這只是列舉當時許多科學家的反應，我向來不會這麼反應。但是身為化學家和人類，我最初的反應是：「天哪，我竟不曉得我吃的蘋果裡含有合成化學物！」我竟不知道有阿拉爾這種物質存在。當然，我曉得蘋果是經各種方式處理過的，像是利用肥料、除草劑、殺蟲劑、殺真菌劑和催熟劑。我從孩提時代就知道要清洗水果以除去塵土。但微妙的是，經過了幾年，清洗水果的真正理由變成了要除去化學殘留物（我是唯一有這種感覺的人嗎？我想不是），但是我並不知道（也許我也不想知道）是什麼物質進入蘋果內部，以及什麼物質尚未分解。我不知道有什麼物質殘留在蘋果內部（像是UDMH）、濃度多少、它的生物作用如何。

　　我不喜歡自己這樣——我的意思是我不喜歡這種無知的感覺；

因為我是哥倫比亞大學的學士，而且擁有哈佛大學的博士頭銜，何況應該也是好的化學家。而我卻不知道蘋果裡頭有什麼物質！甚至當我聽說蘋果裡面含有「阿拉爾」的時候，我仍不知道這是什麼東西。我對自己的無知感到不悅；並且，我對蘋果的生產者添加了這些化學物質而沒讓我知道，也感到不悅。同時，我還對我所受的教育隱瞞了這些訊息，感到不悅。

有人以為即使自己不知道這回事，別人總會知道，所以我們應該委託別人來保護我們的健康。這樣的觀點是天真、不科學，而且不民主的。我用「不民主」是因為我們不僅有權利知道這些事，更重要的是，身為公民（尤其是社會免費讓他接受化學研究所教育的公民），有責任去知道這些事。如果連化學家都不知道，那麼誰會知道呢？

我下「天真」的評斷，是基於過去的歷史和對於人性的了解。大部分製造者和商人會小心翼翼要求他們的產品必須在安全標準內，因為他們必須用心維護聲譽。但是也有許多相反的事例，從《聖經》裡的故事到比納（Beech-Nut）公司的嬰兒食品事件，以及紐約四周運輸通道的石油溢灑都是。

並且，身為科學家的我們早就明白──要分析、檢查，而不要相信標示。有鑑於此，相信別人一定知道事實真相，當然是「不科學」的表現。

第 42 章

古典民主政治中的科學與技術

　　這裡我要把話題轉回到古雅典的民主，並且與阿拉爾的問題相互關聯，略做思考。

　　無疑的，對大眾有潛在危險的事情，無論正當與否，都是公民大會上會討論的話題；公民參與的政治過程可以保障這點。培里克利斯（Pericles）在葬禮中的悼詞，即摘述了這個政治過程的本質，並讓我們思考民主討論過程與科學關聯之處。這個悼詞由修昔底德（Thucydides，希臘哲學家）披露。培里克利斯說：

　　我們一般民眾雖然鎮日辛勤工作，但仍是公共事務很好的評判員。我們認為，不參與公共事務的人並非自掃門前雪，而是一無是處。我們雅典子民能仲裁一切大事；我們認為「討論」對任何聰明的行動來說，是不可或缺的預備措施，而不是絆腳石。

　　很顯然的，希臘城邦的人民認為，無論多專門的事他們都能評斷。當然，他們也給專門知識或技術一定的地位。因此，例如軍

官，都是經由推選而來的，一旦獲選即可以連任。像培里克利斯就是這種方式推選出來的軍官。

　　探究古人對科學與技術所持的態度，是很有趣的事。就拿促使雅典城邦發達的堅強工藝基礎來說吧，其中包括了軍事策略、武器、快速船艦和銀礦，你或許還能想出更多他們的工藝成就。在亞里斯多德所著的《雅典憲法》（Constitution of Athens）中，的確提到了採礦的契約和租約。這些契約和租約是由採礦業全體挑選出來的領導者來管理。他們還有度量衡檢查官，也是由全體人民挑選出來的。如今我們仍保有當時成冊的採礦租約，並且得知當時礦工的工作條件令人驚駭。我們甚至保有一件陰謀的紀錄（就現代的眼光來看），那是色諾芬（Xenophon）所提，意圖把勞里昂（Laurion）礦區私人擁有的採礦奴隸收歸國有的計畫。

　　雅典的銀礦是由兩種方式獲得的。一種得自淤積的白金（金、銀和其他金屬的合金）。另一種較為常見，是如勞里昂礦區的情形，銀礦從方鉛礦的礦床中取得。人們用精巧的水力系統把採得的礦石篩過，再集中送去烤炙，然後用煤炭把得到的氧化物還原成銀。粗製的銀則以灰吹法處理。這是古老的方法，把礦石和鉛一併放在骨灰和泥土塑造成型的容器中加熱。一陣強風輸入，把賤金屬氧化，於是賤金屬氧化物就溶在上層的氧化鉛中，隨後撇棄。貴金屬銀則留在容器中。（圖42.1）

　　與船艦有關的事務也是雅典人民關切的話題，因為擁有船隻就擁有海軍軍力。船艦由元老院負責建造，但是由公民大會的成員投票決定是否要興建。建造船艦的軍事工程師是由公民大會的委員選出來的，這個職位非常重要，並非由人民全體直接挑選。但這個職位是否也像軍官一樣可以連任，就不得而知了。

圖42.1　雅典古銀幣，這是約為西元前四百四十年的器物。本圖由蘇士比公
　　　　司出版的希臘羅馬古幣拍賣目錄複製而得。

　　不過，古籍上的記載除此之外就幾乎沒有別的了。這或許是由
於史料未能留存下來，或者是因為教育、工業、農業、商業以及技
術等，大多不是政治事務，就留給私人事業去處理，而未在公開場
合討論。可想而知的是，我的探索因而徒勞無功。

　　然而，當時的民主政治出現了一個汙點，那就是對蘇格拉底的
審判。雖然造成這最後判決的原因，有部分是由於這位哲學家幾近
妄自尊大的不妥協態度，但是告發這項案件的本身，就足以使我們
的良心蒙羞。在這場審判當中，「人民」使這位智慧的尋訪者（他
即使不算是科學家或先知，也是善於發問者）沉默無言。使他沉默

的並非暴君，而是兩百八十位同胞。難怪他的門徒（柏拉圖和亞里斯多德）會對民主政治沒好感，因而偏好由哲學家皇帝和專家組織的政府。科學家常常會參與這些哲人之夢。但是這終究只是一場夢幻，我現在就要和你一同來探索其中的原因。

第**43**章

為什麼科學家不宜治國？

　　如果你傾聽科學家私底下的隨興閒聊，會聽到一些八卦消息，例如某人將搬遷到某處去的傳聞、及大嘆研究經費取得不易等等。但換個場合，他們會聲稱科學的理性，並且照例表示反對政客，有時還會對於有點「軟性」的藝術和人文話題，表現出不屑的態度。他們認為只要把科學的理性思維應用於治國，全世界的問題和爭議或許就此一掃而空了。

　　這些言談可視為科學家自私的兄弟情，我們在此先不談。其他有大半的談話內容，透露出原始而有瑕疵的世界觀，一種把文化與政治系統橫切的謬誤見解。然而我們不確定柏拉圖是否會同意由這些庸俗的科學家來擔任哲學家皇帝，這些看似現代的論調，在某些程度上已顯現出，柏拉圖對所謂理性的天真信仰。

　　現代科學是西歐一項成功的社會發明，而且這項成功著實令人不可思議；它是能有效獲取世界上各種可靠知識，並用來改造世界的大事業。居於這樁事業核心的是：對大自然和我們關心的現象，做仔細的觀察。例如科學家會去探尋使泰爾紫呈現顏色的分子，或

是探究如何修改這個分子，以達到更鮮亮的紫色或藍色。

　　在科學家的世界，複雜的事物都經過分解而簡化。這和把事物數學化的過程一樣，也就是所謂的分析（當然不是指化學上的）。無論是在發現或創造的過程中，科學家通常會先設定研究範圍，以便從中獲得複雜和令人驚訝的結果。而且無疑的，在這種範圍裡，分析法是可行的。科學家從分析當中獲得「泰爾紫中所含的染料，有特定結構」的解答，所以「被關起來的貓熊繁殖能力受限」也必有原因。

　　科學家承認，能觀察到的因素或作用，或許是由好多個因素造成的；但是不管這些因素有多複雜，總有受過完善訓練的聰明科學家能把它分析、解開；這些受過專業訓練的人，再以全世界共通的語言（不流利的英語）相互交換訊息。

　　讓我們把這個小心構築的科學家世界，和情緒上偶然的實際表現，或人類的風俗習慣互做對比。試問，年輕人的竊盜習慣可有唯一的原因？為什麼在美國南北戰爭中，或在前南斯拉夫，會出現手足相殘的情形？浪漫的愛情可有什麼邏輯？我們是否應有分秒不差的行動時程表？

　　我們發現，外面的世界有許多事物很難用簡化的（或甚至是複雜的）科學分析來處理。這個世界、我們的生活，事實上都傾向於透過倫理與道德的辯論，來取得正義與同情。清楚陳述問題的癥結、變通辦法和後果是有用的，就像在有時漫無目標的爭論中，會出現道德立場的對話，而人們可以藉此痛快吐露真言。正是這種宣洩，使參與式民主政治得以運作。科學家宣稱任何問題都有合理的解答；但事實上，個人和社會的問題並不能用科學家主張的方式解決。

在我的經驗裡，科學家多傾向於凡事應有和平理性的主張。因為在他們的研究工作上，仔細分析的方式行得通；而且他們對我們生存的世界充滿的複雜性，感到迷惑甚至傷心，所以他們天真的追求一種夢想，相信人類的紊亂情感和所有行動，都是受某些理性原則監控，而這些原則仍有待發現。

令人好奇的是，想必會遭科學排擠的宗教，竟然也提出類似的（但讓我很不滿意的）世界觀。科學家傾向用黑與白來看待這世界，希望那些在真實生活裡無時無刻不闖入我們意識中的灰色地帶，消失不見。而且，只要真實世界裡的實行者和製造者（其中最糟的那些，我們稱為政客），肯聽從我們的想法，這個世界就會朝正途發展。

不過，邇來我們已親眼目睹一個支持科學家或技術官僚來經營世界的夢想破滅了，那就是「馬克思主義」。不管它征服的是哪種文化（蘇俄、中國或古巴），馬克思主義不僅證明了它在經濟上行不通，也證明了它會導致無盡的腐敗貪婪，證明它已誘使公正社會的基礎核心墮落。

科學家並不喜歡聽到這種論調，但是馬克思主義確實是「科學」的社會體系。馬克思和恩格斯擬出了一種信仰，這種信仰預言了某種社會科學的到臨。他們的社會主義是以「社會將無止境的進步與發展」的神話為動力，而由人類以改造大自然的能力來改造社會，鑄造夢幻國度。

這麼說來，要是科學家不去治理這個世界，那該立身何處呢？就我看來，科學家最好不要從政，但是仍然致力與聞政治。如此，他們就會受到激發，發出理性之聲，對大眾提出睿智的忠告，並對日漸不合理的做法施以反擊。他們的能力恰好能扮演好這種角色。

但是若由科學家掌權，我認為科學家那種以為只有自己才具備理性的傲慢態度，很可能導致他們不自覺的逾越分際。

我曉得我把實際的情形誇大了。其實，如果要說科學家有什麼不對，應該是他們對於政治參與得不夠。一旦他們走入政治舞台，也許並不比其他從事政治的人好到哪裡，但也壞不到哪裡。舉例來說，法國有科學家和工程師從政的傳統，例如從拉札爾・卡諾（Lazare Carnot）和他的孫子沙第・卡諾（Sadi Carnot，熱力學第二定律創始人）一直到我的博士後研究生德瓦蓋（Alain Devaquet，曾任法國教育部長）。再說，英國前首相柴契爾夫人的缺點或成就，也不該歸因於她的化學學士學位。

第44章

面對環保意識

《科學》期刊上登載過物理學家艾貝爾森（Philip H. Abelson）的一篇社論，文中概述了一種我們社會對「關心環境事務」的看法。這篇論文的標題是〈中毒的恐懼感 —— 魅影危機〉（Toxic Terror: Phantom Risks），文章的開頭和結尾如下：

> 長久以來，大眾接受了「人類正遭逢環境危害」的一面之詞，尤其是工業化學品的危害。只有少數人企圖提出制衡的意見。然而，這些人面對的是自私而令人生畏的媒體聯盟、立場一面倒的環保團體，以及環保官員和案件原告的阻撓……回顧那些災難預言者的成堆言論，可看出他們的言論缺乏判斷、不尊重事實和不夠誠實。他們的強硬聲明，並不能做為「社會把數以兆計的美元浪費在魅影危機上」的合理依據。

有鑑於我個人極看重化學民主化與進步的本質，因此，我對以上的見解非常不以為然。因為，這類陳述未能切中任何我們憂慮環

境事務背後的心理和道德重心；況且，這類陳述還對民主程序表現出不健康的態度。

　　不過，要在雙方對恃的這個戰場上找到中立地區，並不容易。就讓我試著提出一種立場。試問，什麼是（或什麼應該是）化學家對環境事務的適切回應？我相信這種回應必須涉及下列幾點：

一、認知這些受到關切的事務，要以專業的「危險評估」（也就是實情）和「危險意識」（常常是心理上的主觀感受）為依據；而這些評估危險的方式，可能並不一致（稍後我會試著去區分）。

二、了解民主社會在設計監督管理辦法，管理個人及財產遭受不可避免的危害時，無論我們喜歡或不喜歡，這項辦法的訂定，就已經造成大眾心理上認為化學就是危險的感覺。

三、民主政治必須讓相互制衡的雙方，都有發表意見的舞台，而環境學家持的態度顯然也落在這種可接受範圍內。

　　「危險評估」並非易事，它涉及分析化學功力以及化學儀器操作能力。它在系統、規模和化學的設計上，需要很強的能力，才能確實偵測難以想像的低濃度物質；必須是受過專業訓練的化學家，才足以擔任。

　　就我的了解，「危險意識」不只是技術上的危險評估──盡我們所知的把危險列出來而已。「危險意識」包含很強的心理成份，其中掌控權就扮演重要的角色。我用掌控權，是指遭受危機的人在事實上和感覺上，對危險能有多少掌控。

　　我猜想掌控權在個人對危險的評判上，扮演具支配力的角色。

就像我們覺得開車比搭飛機安全，儘管意外事故的統計與我們的感覺相反。而且，大多數人還是認為開車很安全，即使開車前還喝了一點酒。這是為什麼？因為開車的是我們自己，但是駕駛飛機的卻是別人。我們對核能發電和其他危險技術的恐懼，大多不是由於我們對這些過程的無知，而是感到自己不能控制狀況。

　　獲得掌控權必須能獲取知識，還要有民主的政府系統。但即使是目前最好的政府管理系統，也只是「近似理想的民主」而已。還有，無論多有技巧和多廣泛的把知識傳授給民眾，都絲毫無法平息他們對人造物質的恐懼，除非讓他們能在政策上，對所恐懼物質的使用發表意見。

　　我在這裡提出的並不是激進的見解，而是專家對危險的普遍認知。這裡有一段美國羅格斯（Rutgers）大學環境傳播研究計畫主持人山德曼（Peter M. Sandman）說的話：

　　當你有既了解事實、同時也能表達意見的民眾，那是較為理想的……這不是因為了解事實的民眾能忍受較多危險，而是他們會對自己要忍受哪些危險，做較佳的選擇。但是，若民眾只是了解事實卻不能表示意見，或只對民眾解釋而沒有對話，則幾乎毫無益處。

　　山德曼表示「迫害因素」是危險意識的一切心理成分。讓我從他所列舉的一些因子來做說明：

　　自願：自願的冒險，要比遭強迫的冒險，讓人容易接受，因為它不會產生被迫害的感覺。請想想，撐著滑雪杖被人從山頂推下去，和自己決定去滑雪有何不同？

道德：美國社會認定過去二十年的汙染不僅有害，而且還是邪惡的。但在論及利弊得失時，即使與道德相關，也常顯得冷酷無情。譬如請你想像，若警長堅持以警力成本考量，認為偶發的兒童受騷擾事件是「可接受的風險」……

時空差異：危險物質Ａ每年會殺死全國五十人；而使用危險物質Ｂ則有十分之一的可能，會在下一個十年裡消滅附近五千人。「危險評估」告訴我們，這兩種物質的年死亡人數期望值相同，都是五十人。但是，「迫害評估」卻告訴我們，Ａ也許可以接受，但Ｂ卻萬萬不可。

請問，在制定法規時，不僅基於專業的危險評估，同時也根據道德上對危險的感受，有什麼不對？我不以為這有什麼不對，法律永遠有輿論公認的道德立場和它具體的實質立場。如果你不喜歡這樣，我請你想像，如果你到國會委員會，爭辯兒童受騷擾的比率是可以接受的，或贊同老殘者的安樂死，會得到什麼樣的回應？

在我結束「掌控權」主題之前，我要向古希臘人民致敬；我這麼做，不只是對於他們的哲學表示敬意，也因為他們有能力設計出聰明的社會結構，確實的給予人民有被授權的感覺。大型的評判委員會、類似當今上議院組織的元老院、陪審團，以及由全體人民迅速輪替執行公職——在在使每個人都參與其間。某些已終止使用的雅典發明，實在應該予以復興，例如執政者任期屆滿時，雅典人會仔細審查他的操守。這項發明於古於今都是很好的想法，而且最好是把它變成例行的程序，用來審查任何可能從職務上謀取權勢或財富利益的人。

　　現在我想把話題轉回到對環境學家的想法上。有些化學家認為，環境學家的恐懼是沒有理性的。簡單的心理學教導我們，除了以辯論說服和賦予權利，同情心在回應及平息恐懼上，也扮演了重要的角色。朋友們，我的化學家朋友們，如果有人在你面前訴說，他對環境中的某種化學物質感到焦慮，請你切莫硬著心腸，擺出十分科學的、條分縷析的姿態。請打開心胸去設想，若你的孩子夜半驚醒，對你訴說他被火車頭碾過的恐怖惡夢，你難道會對他說：「別擔心，你被狗咬到的可能性還更高！」

　　我的意思並不是說環境學家是小孩。而是在這短短兩個世紀裡（化學的世紀），科學和技術已改變整個世界了。我們為這世界添加的事物，大多是出於最正當的理由而做的，但卻具有改變這顆行星的大循環性質的危險。依我猜想，利用「哈柏─波希法」這項化學傑作而自大氣中固定的氮量，可與全球生物的固氮量齊觀。這些改變已在瞬間造成了與地球運作同等的變化。蓋婭（大地之母，指地球）或許自有她應付這些人為變化所需的恢復力，但結果可能是變成了人類無法生存於其間的世界。

　　我們已目睹自己的發明改變了臭氧層、造成水質汙染與酸化、改變我們洗蘋果的理由，以及使雕塑（我們的文化遺產）粉碎而溶解在大氣中……等種種效應。米開朗基羅的大衛雕像，之所以要從佛羅倫斯廣場上撤下來，是有原因的。同時，我們也有非常充分的理由，去喚醒所有社會大眾的環保意識（見次頁圖44.1）。

圖44.1　喜樂（Shell）公司煉油廠的黃昏景色，背景是華盛頓州的貝克山
（Mount Baker）。（Richard During攝）

第45章

化學教育

　　對我而言，農藥「阿拉爾」的論戰具有使人謙卑，以及教育的和訓示的意義。它是一個機會教育，而不是讓我們趁機去反對環境學家。我就從中學習到一些化學，我也從印度的博帕爾事故中學到一些，我還打算從下一個化學災難中再學習一些。因為，當知識伴隨某些重要事物（像是災難、人的遺體，甚至是淫穢可恥的事物）出現時，人們的心智才會打開。所以，就教育的意義來說，我們可以從發生的事中獲得知識。

　　這麼一談，我們已經進入教育的話題。我認為教育是民主政治過程中非常重要的一部分，它是公民的權利與義務。其實，我對科學文盲的關心，並非著眼於它限制了我們人類勢力的基礎，或是對我們在全球經濟競爭力上的影響；我感到憂心的，在於它代表教育失敗。我有以下兩點說明。

　　首先，要是我們不了解周遭世界運作（尤其是人類製造添加的東西）的基本道理，就會被疏離於環境之外。無知所導致的疏離，會使人貧乏，使我們感到無能為力也沒有行動力。要是不了解這個

世界，我們可能會發明出神祕的事物和新的神祇，就好像很久以前人們對閃電和日月食，以及聖愛爾摩之火（St. Elmo's fire）和火山的硫黃噴發現象，發展出的傳奇說法。

我憂慮的第二點是，對化學的無知會增添民主政治進展的阻礙。我深信一個必然的事實，那就是必須授權「一般人」來做決定，決定遺傳工程或廢物棄置地點，決定哪些工廠是危險的或安全的，或決定是哪種藥會上癮、藥品應不應該管制等事務。公民可以要求專家對他們解釋利弊，說明有哪些選擇、利益和可能的風險。但是卻不能授權專家做決定；只有人民和人民代表才有權決定。此外，人民還有一項責任，那就是他們必須學習足夠的化學知識，有能力去抗拒化學專家充滿誘惑的說辭，因為這些專家可能聯合起來支持不法活動。

接著，很重要的一點，就是建立小學和中學程度的化學課程，使之普及於社會大眾；同時還要訓練和嘉獎教授這些課程的老師。這些化學課程必然要忠於主題的思想核心，也必須是具有吸引力、能促進思考和引發興趣與好奇心。教育的目標主要應該放在非主修科學的學生和有學識的公民身上，而不是對專攻化學的人講授。我相信專攻化學的這些年輕人，會出現新的化學家和聰明的物質改革者；但是，除非我們教導他們的朋友和鄰居（那百分之九十九的非化學家）化學家做的究竟是什麼樣的事，否則那百分之一的化學界新星和改革者，也無法充分發揮自己的潛力。

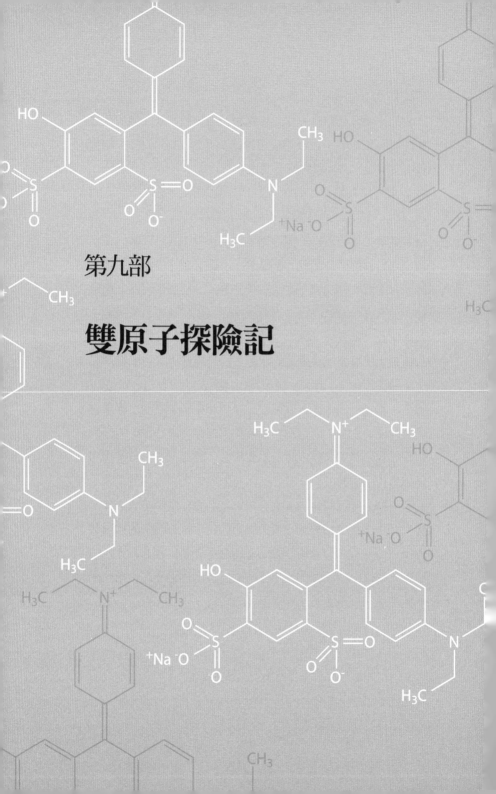

第九部

雙原子探險記

第46章

漫遊 C_2 的世界

　　我喜愛分子科學。我愛它複雜而豐富的內涵,以及平實的理論基礎,但是我最愛的莫過於它給整個化學界帶來生氣蓬勃的變化,和串連起各領域的化學。雖然我選擇以分析、合成和反應機構這些主題來看化學,但是古典的化學分科如:有機、無機、生物化學、物理化學和分析化學,仍歷久不衰。而我想做的,是顛覆化學的這種分類。

　　C_2是簡單的雙原子分子,只含兩個碳原子。它並不穩定——這一點與我們熟悉的O_2、N_2和F_2迥異。但是每當我們在兩個碳原子之間擦出一道弧光,就會得到少量的C_2(還有少量的足球狀C_{60},也就是巴克球;不過那是另一段頗為奇妙的故事);而這少量的C_2,足夠我們用光譜法來了解結構。彗星裡也有少量的C_2;而且火焰中發出的藍光,也是由C_2所產生的。

　　你會問:「C_2分子究竟具有何種結構?」這個分子看似啞鈴,它結構中唯一的自由變數,是兩個碳原子間的距離。這個分子在基態(ground state)下,也就是穩定的分子形式中,碳原子間的距離

為1.2425Å。一般分子內鍵結原子的最典型間距是1至3Å。

　　分子也會以所謂的激發態（excited state）存在，C_2亦同。這些激發態是由於分子吸收光，或是經由其他方式輸入能量造成的。分子不會永久停留在激發態，而是只停留某個固定時間（也許數分鐘，也許數微秒），再回到較穩定的基態，有時在這個過程中會放出光。

　　普通的火焰中也會產生C_2——它們來自含碳的燃料，最後會變成二氧化碳和黑煙灰。在火焰中，C_2受火焰中的熱激發，而以激發態呈現。在它們回到基態的過程中，會放出藍光。

　　「位能曲線」是描述雙原子分子的一種方式。它是顯示分子能量如何隨原子間距離改變的函數變化圖。圖46.1即顯示一條這樣的曲線，其中垂直方向表示能量，水平方向表示原子間的距離（以「Å」為單位）。

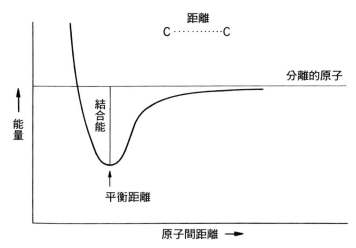

圖46.1　分子的位能曲線。

　　若把此曲線的意義翻譯成白話，它傳達的訊息是：「原子彼此逐漸靠近時，能量會先降低，然後回升，最後是急遽升高。」

　　曲線從降低轉為升高時，能量最低點的原子間距離，就稱為該分子的「平衡距離」。平衡距離處的分子較穩定，它與分離的原子的能量差，稱為「結合能」或「解離能」。該分子的能量狀態及原子間距，可用位能線上凹處的數字來描述，例如C_2在基態的距離為1.2425Å。

　　每個激發態都是基態往上躍升的結果，它的平衡距離和結合能都和基態不同。圖46.2顯示的不只是C_2的基態位能，還有許多它在激發態的位能。

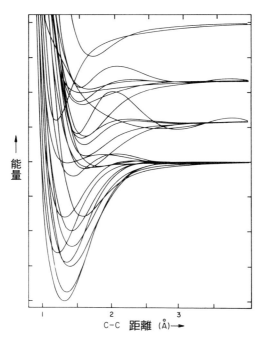

圖46.2　C_2分子的基態，以及各種激發態的位能。

　　在這許多從理論算出的能量狀態中，至少有十三種能階（基態加上十二種激發態）已經由實驗觀察到。它們的平衡距離如下表所示（表中用希臘名稱標記的部分，是關於該狀態的訊息描述）。

實驗觀察到C_2的十三種能量狀態

C_2狀態	C – C距離（Å）
$^1\Sigma_g^+$	1.2425（基態）
$^3\Pi_u$, $^1\Pi_u$	1.3119, 1.3184
$^3\Sigma_g^-$	1.3693
$^3\Pi_g$, $^1\Pi_g$	1.2661, 1.2552
$^3\Sigma_u^+$, $^1\Sigma_u^+$	1.23, 1.2380
$^3\Pi_g$	1.5351
$^1\Sigma_g^+$	1.2529
$^3\Sigma_g^-$	1.393
$^3\Delta_g$	1.3579
$^1\Pi_u$	1.307

　　請注意，碳—碳鍵距的範圍是從1.23Å到1.53Å。若你是化學家，也許還會注意到一件事，那就是：這個分子在某個激發態的鍵距，居然要比在基態下還短。這種現象極少見，但是它可以用電子運動，也就是用分子軌域來解釋；分子軌域是描述分子內電子的量子力學狀態。

　　C_2激發態的研究，顯然落在物理化學範疇。現在，讓我們把話題轉到頗能表現有機化學現象的三個分子上，這三種分子皆為重要商品：乙烷（C_2H_6）、乙烯（C_2H_4）和乙炔（C_2H_2），分子結構如圖46.3。其中，乙烯的產量十分驚人，單是1993年一年在美國就有四百一十億磅的產量。

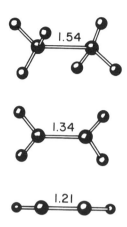

圖46.3　有機分子的原型：從上到下分別是乙烷、乙烯、乙炔。圖中標示出
　　　　以「Å」為單位的C–C鍵距。

　　這些分子是碳—碳單鍵、雙鍵和三鍵的代表型。而且，如我們
預期的，愈強的鍵，鍵距愈短。請注意這些分子的鍵距範圍，它大
約就是我們已製造出來的幾百萬種有機分子的所有鍵距範圍——介
於1.21Å和1.54Å之間。這個範圍與C_2的基態和激發態的鍵距，差
異不大。這會是巧合嗎？

　　接著我們把話題轉到有機金屬化學上，它位於有機與無機化
學之間的可愛界面上；從1960年代以來，這個領域的研究活動多
得爆炸。次頁圖46.4的左邊，是我在康乃爾大學的同事渥克詹斯基
（Peter Wolczanski），和他的工作同仁製造出來的有機金屬分子。
它是一個C_2單元體，精巧的連接兩個鉭（Ta）原子，鉭原子周圍
有一些大體積的分子團。圖46.4右邊，是澳洲阿得雷德大學布魯
斯（Michael Bruce）的研究小組製造的有機金屬分子。它的四個釕
（Ru）原子環繞一個C_2，緊縮成一團。

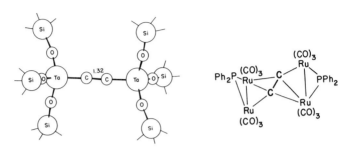

圖46.4 左邊的化合物是[(t-Bu₃SiO)₃Ta]₂C₂,t-Bu=C(CH₃)₃；右邊的化合物是
Ru₄(C₂)(PPh₂)₂(CO)₁₂,Ph=C₆H₅。

　　我們再跨過有機金屬的橋梁，來到無機金屬的領域；對某些人
來說，有機與無機是他們頗在意的一種區分。在義大利米蘭有個研
究小組，合成出非常多的金屬團。如圖46.5，你可以看到這樣一個
金屬團。

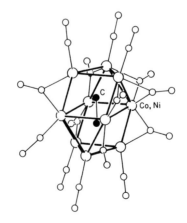

圖46.5 Co₃Ni₇C₂(CO)₁₅³⁻金屬團。

　　這個金屬團有三個鈷原子，七個鎳原子和許多環繞這些金屬原子的一氧化碳分子；並且，在這些原子形成的籠子中央有一個C₂，它具有中等鍵長，長度為1.34Å。

　　如果你點過電石燈，你就永遠不會忘記那潮濕的乙炔氣味。圖46.6展示的是碳化鈣（CaC₂），也就是電石的結構。聯合碳化物公司就是以製造這個分子起家的。我們把水加到碳化鈣上，會產生在電石燈中燃燒的乙炔。碳化鈣具有可延伸的結構，是結晶固體，由原子或分子單元構成，經常會延伸得非常長。這個結構中C₂單元體的鍵長很短，為1.19Å。

　　我們現在已跨過無機化學，進入固態化學領域了。固態化學涵蓋的化合物種類很廣，大多是無機化合物，它包括礦物質、催化劑、高溫超導體、金屬、磁鐵、合金、玻璃、陶磁和更多的化學物質。

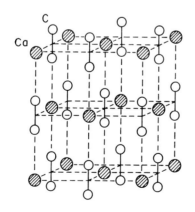

圖46.6　碳化鈣的結構。

　　這裡就有一個典型的固態結構，它是西蒙（Arndt Simon）的研究小組在德國斯圖加特（Stuttgart）製造出來的。$Gd_{10}C_6Cl_{17}$ 是我們不敢向初進化學之門的學生展示的美麗複雜結構（圖46.7）。這個分子包含了至少七個由釓原子（Gd）組成的八面體，這些釓原子又由各種各樣的氯化物包圍。每一個八面體中都住著一個 C_2 單元體。

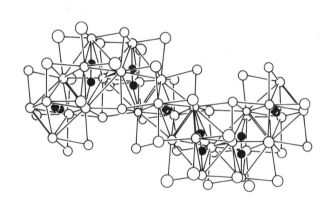

圖46.7　$Gd_{10}C_6Cl_{17}$ 金屬團構造。

　　讓我們再來看一種結構。當我們把有機分子放在乾淨的金屬表面上，它們常常會被撕成碎片。乍聽之下似乎很糟，其實不然，因為它們隨後會再組合成其他分子；因此，金屬就是經常以這種方式成為有產業價值的重要催化劑。史丹福大學的馬第克斯（Robert Madix）和他的工作同仁發現，乙炔（C_2H_2）會在銀表面上精確的分解成 C_2 單元體，生成的 C_2 會像圖46.8所示，停留在銀表面上。

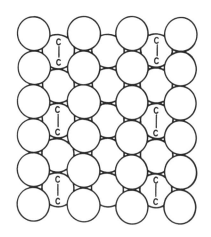

圖46.8　C_2 在銀表面上的結構示意圖。

在圖46.9中，我把所有這些分子結構重新畫在一個以 C_2 為中心的輪狀圖上。這些結構來自分子科學這門大企業的相異部分，由左上角開始，循順時針方向，依序可代表：物理化學、理論化學、有機化學、有機金屬化學、無機化學、固態化學和表面化學。

我認為，大自然正透過這些分子呈現出令人驚奇的豐饒，它清楚的告訴我們：「雖然你們可以隨心所欲的把化學分割成不同領域，但是我要告訴你們：這個世界是一體的，這兒的每個結構都包含了 C_2 分子的單元體，而這些單元體正在上演一場鍵距的變化之舞。」

我覺得次頁圖46.9真美。

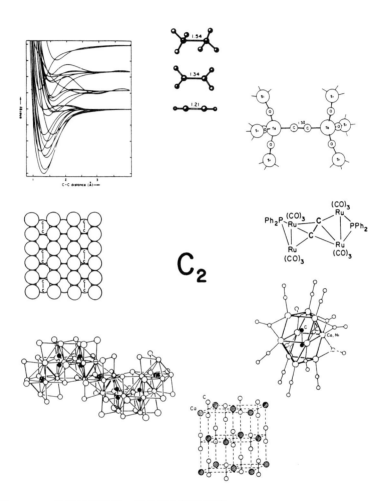

圖46.9 　C_2 分子的探險記，包含了化學各領域。

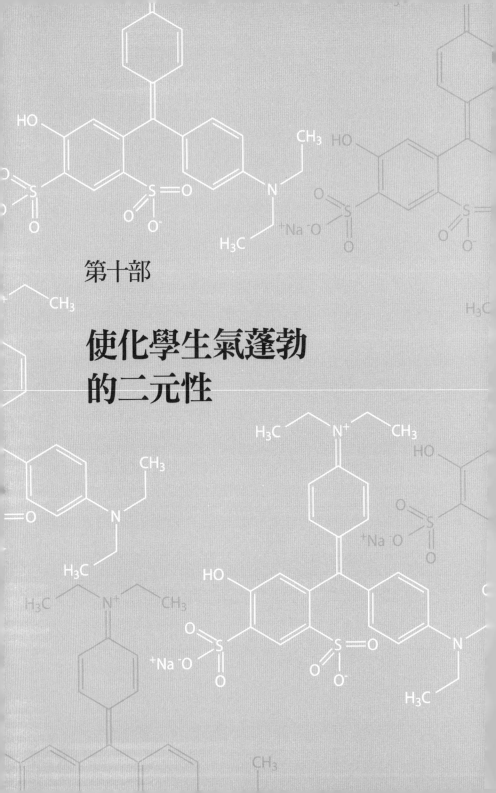

第十部

使化學生氣蓬勃
的二元性

第47章

創造是艱難的工作

　　我們已經見過哪些化學上的二元性？首先也最重要的就是「辨識身分」的問題，亦即「同與不同」的問題。我們已知如何區分彼此僅有些微差異的分子，例如，兩種互為鏡像的分子。化學家窮盡了撲朔迷離的複雜好戲情節，替自然演化最先使用的老計策——分子偽裝術，撰寫了新場景。他們還藉著這樣的方式，設計出一些神奇的救命藥方。至於化學家提出的問題則是：「你是什麼？」和「你是誰？」

　　在化學上，「合成」和「分析」是一夥的。但我要宣稱：事實上，「合成」在化學活動中稱得上是獨一無二、最具有化學特色的活動。至於「分析」〔這是科學家德貝萊納（Johann Döereiner）傳授給歌德的方法〕，它是很重要的科學研究方法，在其他科學領域十分常見。但是化學很獨特，對化學來說，製造事物就跟把它們拆散一樣重要。然而篤信化約論的哲學家卻很少去注意「合成」這項非常化學的方法究竟如何運作。

　　在化學上，「創造」和「發現」這兩者保持微妙的平衡。而

且，這兩者與合成和分析的主題密切相關。化學家依據不斷發現的法則，創造新分子。化學家不只創造出新分子，也創造出製造新分子的新方法，而且從某方面來看，還創造出新的法則。創造之所以令人感興趣，在於它如此知性，卻又這麼講求實際。創造就是這麼一件艱難的事。

由於分子是化學的中心，而且，一般而言，分子是具有固定幾何形狀的原子團；所以接下來要談「結構」和「結構表示法」。我們可以把這兩者的關係，視為理想和現實間的角力；要不然就像我在前面的篇章裡寫的，只把注意力集中在化學符號表示法的範疇。在化學結構表示法中，有部分是和照相一般，看起來就和它們代表的事物一樣；有部分卻是象徵性的，與實際結構的唯一關係是人們約定俗成的表達方式，這個表示法不代表真實立體結構。

必須用表示法顯示的分子，很自然牽引出對化學論文本質的探討。這種看似無趣、僵化並且拘泥於形式的溝通方式，其實充滿張力。這些張力介於「透露」與「保密」之間，介於論文的表達方式（冷靜的傳述）及作者真實的意向（熱情的修辭）之間。化學家要發表論文，以求傳達可靠的知識和建立名聲，甚至還要使論文風格令人滿意（論文寫作只容許少得令人難以置信的文學修飾）。

再回到「合成」這項原始的化學行為，我們很容易就能了解「自然」與「非自然」的二分法是如何抬頭的。我們在實驗室裡製造出生物體內極為複雜的分子；我們也合成出表面上看去很簡單，但實際上卻極難製造的分子，像立方烷。化學跨越了自然與非自然之間的鴻溝；或者，說得明白些，它不時推翻這種二分法。但是，人們在心理上仍然會為了各式各樣或好或壞的理由，努力維護天然物與人工製品之間的區別。化學家應該對此有所體悟。

談過分析和合成之後，接下來最典型的化學活動就是「反應機構的研究」，它使人類的好奇心得以延伸，而且「反應機構的研究」也有其歷史與心理的動機。這項化學活動面對的問題是：「這個反應如何發生？」如果我們預先想定的反應機構能超乎教科書上的模式，也不受心理因素干擾，最後可透過實驗獲得映證，那便是最佳的科學發現方式了。

「靜態」與「動態」是另一項隱藏在分子科學下的張力。比方說，空氣也許看起來是靜止的，但實際上它卻是瘋狂的三維空間舞場。其中，獨行的分子正以音速前進，但沒走多遠就會撞上另一個分子。從這些碰撞中會引出化學反應的活性，以及另一種看似靜止的狀態，叫做「平衡」──由反應物到產物和產物到反應物的雙向反應，達成了這種完全天然的平衡狀態。化學平衡還有一項巨觀的特色，就是它會近乎有生命似的抗拒我們人類自私的擾動。

再說，從舉世無雙的偉大化學家哈柏的一生當中，我們看到了更多化學創造中存在的張力或不安。哈柏遊走於工業化學與學術性化學之間。他運用對於反應機構的認識，發現了大規模合成氨的方法。但是，他在另一項令人好奇的煉金課題上卻失敗了，原因出在一項錯誤的分析。並且，哈柏還曾把他具有創造性的化學能力，奉獻給殘酷的軍事發明──毒氣；這是道德上的失敗。就在同時，他周遭的世界變了，他的身分也改了，哈柏不再是優秀的德國人，他成了自己原先並不認同的猶太人。

對於化學家個人、我們的同胞，和我們將留予後人的世界而言，「用途」與「傷害」是任何化學活動都應接受的檢驗。我個人就為哈柏的研究活動做了這樣的檢驗，還做了不是人人都會贊同的評斷。人們關心環保事務，迫使化學家不再以非黑即白的假設及推

理去看這世界，轉而也以憐恤之心看待所有民眾顧慮的、與道德和心理有關的事。令人好奇的是，人們之所以對科學有興趣，經常和他們看似毫無理性的恐懼科技災難，出自相同的心理因素。而且，任何分子（例如臭氧、一氧化氮或嗎啡）都可能有善惡兩面。

　　最後一種矛盾埋藏在所有科學家的天性之中，而不只化學家才有。那就是我們命中注定要去創造。但是，這種創造帶來的後果有好有壞，因此，要做對社會大眾負責的科學家並不容易。不過，合乎人情本來就絕非易事。

第**48**章

遺漏

　　有幾種重要的二元性是我在本書中僅略曾提及的。一種是孔恩（Thomas Kuhn）所謂的介於典範研究（我們稱它是具有生產力的例行研究）與創新之間的「基本張力」。這種張力是由於科學家與自己一般的形象並不相合，一般的形象是：科學家是不屈不撓的創新者，無論何時都能開啟新觀念。

　　孔恩曾大力主張，要求大家接受、甚至重視與上述形象成對比的實際情形，那就是，大部分的科學其實是依據既有的典範而行，並且也應當如此。孔恩說：「有生產力的科學家必然也是堅守傳統的人，他喜歡用已經建立好的規則，去玩複雜難解的遊戲，以求發現遊戲的新法則和新個例，而成為成功的創新者。」

　　有機合成用在說明孔恩提出的「基本張力」如何運作上，是很棒的例子。在有機合成裡，我們試著去操作舊有的反應；但是其中有的可行，有的卻行不通。受到製造全新分子的慾望驅使，我們會去尋求新的合成反應，而這些反應很快就會變成有機化學家可運用的合成步驟之一。

　　還有另一種張力是我先前未探討的部分,那就是「信任」與「懷疑」。你可記得科學論文裡那一大堆參考文獻?當然,其中有些只是展示用的;但大部分是可信賴的標記,它們表示這篇論文是根據先前的研究做的,也許還有部分登列了那些讓我們站在他們肩膀上的巨人名錄。參考文獻是知識工業的基礎,並且是「科學成就計量」的工具,可用來計量論文被引用的次數。參考文獻是科學家在研究工作中,最能直接感到滿足感的來源,因為沒有什麼比看到自己的論文被素不相識的人大量引用,感覺更棒的了。

　　科學家會參考文獻中的資料(尤其是已知的事實與方法),表示他們對於已發表的研究抱持高度信任。但是,那種信任總帶了些懷疑色彩;因此,化學家會在重要實驗進行前,先找出方法分析買來的CH_3CD_3,確認後才使用。科學上若有誇大吹噓的可再現性,在化學實驗室裡總會飽受鞭笞。這兒是居領導地位的化學家柏格曼(Robert G. Bergman)的一段報告:

　　我的研究興趣是在反應機構方面,也就是去發現化學反應是如何運作的。為了做這方面的研究,我們通常需要合成特殊的化合物,而這些化合物的分子具有刻意選擇的結構特徵。因此,在我的實驗小組中,新的研究題目剛開始時,往往要重複文獻中已發表過的合成方法,來合成有機化合物或有機金屬化合物;然後才利用合成出來的物質,進行新的化學反應。

　　不過,令人吃驚的是,我們嘗試的文獻合成法中,幾乎有一半在剛開始會因為某種緣故而失敗,也就是說,無法單是依照論文裡的指示按部就班重做,就獲得論文宣稱的產率。這些「食譜」中有相當大部分,必須經過修改或與原作者討論後,才得以讓結果再

現；但是有些則任憑我們怎麼做，也無法重複做出來。

　　這類缺乏再現性的情形，當然不只發生在柏格曼的研究小組。柏格曼接著就在報告中，褒揚了兩本期刊對論文加以驗證的做法，因為這兩本期刊登出的合成方法，在出版前都非常仔細檢查過。

　　我們都處在「信任」和「懷疑」這樣有時顯得緊張的邊界上行動。但是，難以令人置信的是，這樣的系統竟然運作得很好。

　　還有一種我尚未討論的二元性，它並非化學獨有，而是大部分科學固有的；那就是「觀察」相對於「介入」。無法預知結果的事物往往有許多種裝扮，從海森堡測不準原理，到生物學上細胞內外研究的差異都是。像在次原子研究層次上，觀察即是介入；因為介入觀察行為的能量，會干擾被觀察的對象——這就是海森堡測不準原理。在化學上「介入」也與「觀察」彼此複雜的關聯；觀察（例如一個偶然發現的新反應）後，幾乎緊接著就是介入（企圖藉著改變條件使反應更完善，或企圖修飾該反應）。

　　另一項二元性與化學物質的身分問題關係密切，那就是「純」相對於「不純」。正如我在第一部就提醒大家的，沒有一件事物是純的；這項事實有充分的理由，是與亂度和演化有關。努力去解釋「兩種幾乎是純的混合物，近乎完全相同」的意義，是很迷人的；然而，化學上很自然的接受不純物，宗教上卻明白宣述他們渴望純潔的美德，這兩者卻有明顯衝突。

　　此外，還有其他我們或許曾經探索過的二元性，例如物理學家荷頓（Gerald Holton）就寫過一篇關於科學「主題」的論文。這些主題包括了知識的門類，或是對任何科學上特殊事例的想法。這些主題可以視為科學的樞軸。荷頓證明了這些主題會在各類科學家的

研究工作中一再發生，而某些科學對事物的看法也早就設定了，並且為許多科學家所堅守。

荷頓所寫的主題包括：

分析──合成

恆定──改變

許多──單一

複雜──簡單

部分──全體

數學模型──唯物模型

分散──聚集

象徵──實際

化約論──整體論

不連續性──連續性

瓜分──統一

區分──整合

很顯然，這些二元性之中，有某些和我們已經討論過的主題不謀而合。而其他我未曾討論到的二元性，也可做為有用的出發點來探討，就像我選擇的某些二元性一般。

霍普夫（Henning Hopf）是對於人文和化學有深入觀察與體會的人，他也談到化學上某些相反的作用有值得尊敬的歷史。對化學而言，這世上沒有什麼相對的事物會比酸和鹼更具生產力（也最難定量它的繁多表現形式）了。吸引相對於排斥、酸鹼的強弱對比、親電性相對於親核性、共價鍵相對於離子鍵，這所有的兩極性質在

二十世紀的化學上都有清楚詳盡的論述。當然，這些全是專業的概念，但也指出了使化學家著迷的相異性質。

第49章

魔鬼的屬性

魔鬼的屬性，這是包立（Wolfgang Pauli）對二分法的稱呼。

列出相對的性質非常簡單，簡單到令人厭倦。不過，列出相對的性質（善良與邪惡，對稱與非對稱），與忍受相對緊張的合成，是有差別的，而這差別會使生活更有趣。因此，沒有什麼人是絕對好或絕對壞；如果你想要尋找所謂的「美」，它必然就在對稱與非對稱兩者的邊緣。

有一種哲學的論事方法，似乎（至少在表面上）很接近分析化學所遵循的路，那就是「黑格爾辯證法」。這個辯證法是由黑格爾（Georg Hegel）提出的，可說是理解事物的一帖藥方。黑格爾主張任何一種理論，都存在一種相反的理論；在這兩種理論的相互爭辯中，逐漸發展出合成的理論（我們無法脫離「合成」這兩個字）。

極性或二元性必然有類似黑格爾辯證法的運作方式在驅使。但是，我有兩種看待化學的觀點，都超越了二元論的簡化觀點。首先，化學的事實和化學家確認該事實的行為，是在兩極間保持平衡的行為——對每個分子和製造分子的人來說，都有不同的妥協方

式。再者，這世上沒有真正唯一的理論或和它相反的理論，而是充
滿多重觀點的論事法則——即使不像立體派藝術家的透視繪圖法，
至少也是多方位的。因此，一種分子可能在有害或有益、是發現或
是創造出來的、靜止或正快速運動等方面與另一種分子相似；而且
也許在某些條件下，在這些性質上全部相似。

　　那為什麼要採用對立的性質呢？我認為，在描述像化學這樣
活潑而充滿變化的人類活動時，我們不得不專注在兩極性質上。這
裡，我引述既是詩人又是哲學家的葛羅修茲（Emily Grosholz）在
她論及自然與文化的一篇精采短論上所說的話：

　　　　形上學的體系把真實的事物付諸新發展，它必須以「可能發生
　　的變化」等字眼，來展現真實事物的結構；變化需要有相異之處，
　　而這些差異在我們的語言和思想中，呈現二元的對立形式。形上學
　　裡這種可敬的二元對立性質，是人類智慧的一部分；儘管仍有模糊
　　之處，但是它們代表某種基本而無可逃避的事物。

　　我先前選擇的對立性質正反映出化學的活力。並且，這些對立
性質透過我們的潛意識，結合我們如何看待科學與我們個人的心理
狀態，而得到茁壯。

　　閱讀史帝文生（Robert Louis Stevenson）寫的那部有關二元
性的名著《變身怪醫》（*The Strange Case of Dr. Jekyll and Mr. Hyde*，
1886 年出版）時，我們一定會感受到典型的特殊張力。隱藏在那個
辨認身分的故事當中的，也是一項重要的化學二元性：

　　　　我貯存的金屬鹽，打從做第一次實驗起就不曾補充過，如今快

圖49.1　「當我望著那裡時，我認為有種變化正要發生……」這是荷爾
　　　　（William Hole）為帝文生的書《變身怪醫》所畫的插圖。

用完了。因此我叫來新貨，用它調製藥水；那混合物接著冒出了氣
泡，不過用原來的鹽調製的混合液會變色，新鹽調製的則未變色；
我把它喝下去，並沒有產生任何效果。你可以從波立那裡得知我怎
樣讓藍登服用這藥水，但卻沒有功效。現在我相信，我原先使用的
鹽並不純，而且就是因為其中所含的雜質，才使那藥水生效。

特萊寧（Avner Treinin）是以色列引領風騷的詩人，也是物理
化學家。在他的一篇以〈頌讚二元性〉（In Praise of Dualities）為題

的散文裡，他寫道：

　　不過，科學和詩之所以吸引我，最主要原因不是這兩者的相同性，而是它們的相異性，甚且是兩者的衝突：我從兩種顯然互相違逆的角度去看同一件事，並且感受兩者之間不斷上升的緊張情緒。

　　我們對相互矛盾的事物抱持的態度，有某些怪異之處。我們從小就被告誡要避免衝突，行為要一致，然而經驗卻告訴我們：我們不只正專注於解決矛盾，而且若少了這些矛盾衝突，沒有任何事物可以存在。基本上，這正是辯證法的內涵。原子——這一切物質的建構磚材，本身就是由正電荷和負電荷構成的，而任何流動的事物，如水、電、現在我腦中組構這個句子的脈衝，都是在兩極之間流動的，這也就是說它們會通過一個位能梯度。並且，從現代物理學上我們學到：要了解事實的唯一方法，就是去利用兩個或許相互矛盾、但彼此互補的性質，像是粒子和波動，或質量與能量……

　　所以，當我們發現詩和科學能夠彼此互補，而把某些感覺和我們存在的本質傳達出來時；以及當我們發現把兩種不同性質併在一起，能在心裡產生強烈火花的時候，會有怎樣的驚奇呢？

　　正如每位研究表面現象的物理化學家所知的，重要的事件都發生在事物的邊界處；在那兒，當一事平息，一事便又起，就好像是在毗鄰的兩極之間、在肉體和靈魂之間、在內容和形式之間、在粒子和波動之間，以及在數字和感覺之間產生的張力。光的反射、折射、匯集、刺激視神經、形成我們得見的影像，就是在兩種相異介質的交界面發生的。

　　在達文西的記事本中，他教導學生如何繪出《聖經》中的大洪水。在提及大洪水的種種恐怖景象，諸如船隻斷成碎片、羊群撞

上巨石、冰雹、雷電、旋風、腐爛的屍體後，他補充道：「當發生
巨大的山崩或有其他大型建築物倒塌，有崩落的重物落入汪洋之中
時，一定會有大量重物被拋向空中，它們的移動方向必然與撞擊水
面的物體方向相反，也就是說，反射角會等於入射角。」

在這段「冷酷的」物理定律和對死亡與破滅高度感情化的描繪
之間、具體與抽象之間、一般事物與特殊事物之間、可再生與不可
再生之間、秩序與混沌之間的相互照面——皆是科學與詩之間的會
面。那是非常熱烈的會面，使人們的靈魂深度感動。要是二元性並
不存在，我們也應該去創造出它們。也許這正是上帝為何把亞當分
裂成完全極端的兩人的緣故。祂要他移動，祂希望他是活動的。

有一個相當特別的觀點，是人類學家馬區（Kathryn S. March）
提出的，她寫了一篇關於〈編織、寫作和性別〉（Weaving, Writing,
and Gender）的論文；馬區在這篇論文中討論編織與佛教著作如何
出現，又如何受到塔芒（Tamang，尼泊爾中北部的一支源自西藏的
族群）性別觀的影響，她的結論是：

性別在象徵系統上，特別能代表這個充滿疑問或似是而非的矛
盾：性別代表那些同中有異的事物——那些若不從對立的觀點去詮
釋，或許會相同的事物；至於這些觀點會以對立的形式出現，是起
於男女兩性對彼此地位上之性別邏輯的考量；男女兩性在打量對方
時，就會考慮到彼此的種種相同與不同之處。

第**50**章

化學是緊張而充滿生氣的嗎？

所以，什麼是化學？難道它是在運苯的液櫃車翻覆到河裡，導致全鎮的人都得撤離時，我們才注意到的科學嗎？它最令人興奮的表現，是在國慶日施放的煙火（圖50.1）時嗎？或者這門科學的確有充滿生氣與深度知性之處呢？

難道我做的只是玩玩結構上的小把戲？任選一件這世上看來枯燥無味的事（例如在小城的會計事務所待一天，或在古巴辛苦收割一整天的甘蔗），鑑定構成事物中心的邊界，然後把平靜的事物兩極化、或以二分法處理，或把它分解成不安定的對立關係；而且，若有辦法使人信服，就可以無中生有的挑起緊張狀態。

但是，我可不想挑起「波將金風暴」*。遠在科學開始發展以前，物質變化（今天我們稱為分子反應）的奇蹟，就已緊緊抓住人類的想像力。我指的是鍊金術這種摻雜多種文化的活動，它蘊含

---

* 編注：「波將金風暴」（Potemkin storm），波將金是十八世紀俄國的陸軍元帥，1762年挑起宮廷政變。

圖50.1　煙火是最化學的藝術。紅色來自鍶、鈣、鋰的鹽類；藍色來自銅
鹽；白色來自鎂和鋁；金色是從鐵的銼屑發出的亮光；綠色則來自
鋇鹽。

的變化哲理和原始化學是互相結合的（當然，其中還添加了一些騙
術）。化學家希望去除那些神祕的哲理，保留原始的化學，嘲笑那
些騙術。儘管如此，這些部分仍然緊密的相互連結。

　　幾世紀以來，鍊金術之所以能捕捉各文化中人們的想像力，
在於它觸及了深層的事物。變化（和安定）既是物質的，又是心靈
的；當我們並列任兩種變化的表現形式時，其中一者立即成為另一
者的隱喻。

　　本書數次提到歌德的小說《親和力》是有道理的，因為它是少

圖 50.2　鍊金術的插畫。取自華倫廷（Basil Valentine）的《十二把鑰匙：神秘的博物館》（*The Twelve Keys: The Hermetic Museum*），1678 年出版。

數以化學理論為主題的成功文學作品。親和力這種概念是說：在特定的化學實體（分子的片段）之間，有一種特殊而可以詳細闡明的化學親和力。歌德當時顯然已知，他做的不僅僅是為化學理論披上美妙的語言華服；因為，在當時的一家報紙《寇塔司晨報》（*Cottas Morgenblatt*）的廣告裡，歌德解釋這書的書名是化學的隱喻，書中將會舉證這個隱喻的「精神起源」。

　　我認為，化學對辛苦從事化學研究的人，和利用它（或濫用它）的非化學家而言，都很有趣。因為化學活動與我們心靈深處的通路相似──我不願意把這樣的通路，看成是神經元的樹狀分支結構，而要把它看作內容完全交互關聯的全方位大書。當然，這本大

書裡記載特定的事實（一個分子、一行詩句）的歷史和來龍去脈。但是，只有當我們把分子（或詩句），想像成懸浮（沒錯，充滿張力的懸浮著）在由不同主題或相反的見解定義的空間裡，它才會變得真實。

　　舉一個不夠完美的比喻，讓我們把上述主題想像成不同波長的光。我把「辨識身分」的燈光打開，也就是把「同中有異」的燈光打開，我見到立方烷呈現出和其他 C_8H_8 分子不同的結構，這些分子大多已經合成出來了。我把「合作與競爭」的輻射光度調了一下，閃現在我眼前的是一位哈佛大學助理教授的影像，他曾經鼓勵我對立方烷進行一項過度簡化的計算。那位助理教授多年來致力於立方烷的合成，但都沒能成功；要是他當時合成成功，必然能順利升等。我也在「用途與社會責任」的多種彩光下，凝視著立方烷，我思考以下的種種情況是否會帶來困擾：是否立方烷的某些研究該由軍方研究機構支持，或是它的某種衍生物已發現具有抗病毒的活性，又或是這個結構緊繃的分子可能做為儲存太陽能的材質？

　　當任何分子落在多種極性的尺度上時，檢驗該分子所使用的不同方式，就使該分子顯得有趣。而我們向分子提出的問題（有時在我們自己都不曉得的情況下），無聲的觸及了我們應該問問自己的那些與生命攸關的問題。

第**51**章

客戎馬人

　　黃道十二宮裡，至少有四種星座有二元性，即雙子座、天秤座、雙魚座和人馬座。在這裡，我選擇不把這些星座看成是黑暗時代的遺跡，而視為永恆的指針，指示著人類靈魂中無法壓抑的特質。這種特質最終導引出科學——也就是好奇心，和人們對事物的探尋。

　　人馬座的符號是人首馬身的怪物。在希臘神話中的半人半馬的怪物裡，我最喜歡「客戎」（Cheiron）。他是克羅諾斯（Cronus，宙斯的父親）和大洋神的女兒菲來拉（Philyra）之子。永生不朽的客戎，既有智慧又仁慈。他在佩利恩山的洞穴裡，教導醫神埃斯克里皮俄斯（Asclepius）醫病之術，教阿基里斯（Achilles）騎射和吹奏笛子，他也教導過狄俄密得斯（Diomedes），就是後來率領阿爾戈諸一行獲得金羊毛的英雄。他還教導過埃涅阿斯（Aeneas，傳說曾是特洛伊城的領導者）。

　　客戎是我心目中導師的典範。（圖51.1）

　　但是客戎的善行（神話中未提出相反的論據），並未給他帶來

圖51.1　〈客戎馬人教導阿基里斯〉，勒尼奧（Jean-Baptiste Regnault）繪於
　　　　1782年。羅浮宮收藏品，經許可複製。

幸福的晚年。在一次旁觀與他無關的馬人混戰中，他身中毒箭而受
傷（我很好奇那是何種箭毒），而那枝箭正是他的朋友赫拉克雷斯
（Heracles，希臘神話中著名的英雄）發射的。這位偉大的馬人在痛
苦中發出尖叫，但是他不能死，因為他是不朽的。最後，宙斯才賜
予他安息。這個個過程導致這位聰明馬人，和把火帶給人類的叛逆
泰坦神普羅米修斯（Prometheus）之間的命運交會。

在埃斯庫羅斯（Aeschylus）的戲劇中，普羅米修斯說：

聆聽那所有必死的生靈在受苦，

他們曾經愚昧；而我給他們思考的能力。

透過我，他們獲得了悟性，

看見他們原本看不見的，聽到他們原先聽不到的。

他們曾經過著如夢般漫無目標的生活……

從我身上，他們習得了如何以星辰分辨四季，

縱然它們的升起與沉落難以標記。

我還教會他們數字——那是最了不起的發明，

並且教他們結合在一起就變成文字的字母。

我給予他們一切技藝之母，

那就是對努力工作的記憶。

由於教導我們看見事物，普羅米修斯受到了懲罰。他被綑縛在高加索山的一個峰頂上，讓一隻老鷹「狂暴的大啖他那變黑的肝臟」。他的名字「普羅米修斯」的含意就是「預先謀慮」。

宙斯的使者赫密士（Hermes）對普羅米修斯說：

你的痛苦將永無止境，

直到有一尊神自願出來為你受苦。

祂願意把你的痛苦加諸在自身上，

並且代替你

沉落到太陽變成黑暗之處，

正是那黑色的死亡深谷。

那位願意代普羅米修斯而死的神，就是客戎。令我們感到最大的遺憾就是，在埃斯庫羅斯寫的悲劇三部曲的最後一部分，關於接下來普羅米修斯與宙斯和解的敘述，已經佚失了。

因此，普羅米修斯與客戎的命運被橫斷，沒有進一步的敘述。「客戎」這位馬人的名字，出自希臘文的「手」（cheiro），它和「掌性」（chirality）一字的字根相同，兩字只有些微差異。在我的想像中，當客戎把生命的禮物交給普羅米修斯的時候，他一定是把自己的手伸向普羅米修斯。

我無意把馬人都美化成像客戎般具天生美德，因為一般而言，馬人是既粗野又邪惡的動物。不過，馬人絕對是「同與不同」的化身；它們亦人亦獸，既不完全是人，也不全是野獸。它們既能保持不動，行動起來又很快捷。它們是較緊張的，雖複雜卻很完整的生物。它們可能造成傷害，但卻試圖去獲得利益──就像化學一樣。

科學文化 A06

大師說化學
理解世界必修的化學課
The Same and Not the Same

國家圖書館出版品預行編目(CIP)資料

大師說化學 / 霍夫曼 (Roald Hoffmann) 著；呂
慧娟譯. -- 第二版. -- 臺北市：遠見天下文
化, 2016.06
面； 公分. -- (科學文化；A06)
譯自：The same and not the same

ISBN 978-986-479-017-3 (平裝)

1.化學 2.通俗作品

340   105009634

原著 —— 霍夫曼（Roald Hoffmann）
譯者 —— 呂慧娟
審訂者 —— 儲三陽
科學文化叢書策劃群 —— 林和（總策劃）、牟中原、李國偉、周成功

事業群發行人／CEO／總編輯 —— 王力行
副總編輯 —— 吳佩穎
編輯顧問 —— 林榮崧
主　　編 —— 林文珠
責任編輯 —— 黃湘玉（特約）、林榮崧；林文珠
封面設計 —— 張議文
版型設計 —— 江儀玲

出版者 —— 遠見天下文化出版股份有限公司
創辦人 —— 高希均、王力行
遠見・天下文化・事業群 董事長 —— 高希均
事業群發行人／CEO —— 王力行
出版事業部副社長／總經理 —— 林天來
版權部經理 —— 張紫蘭
法律顧問 —— 理律法律事務所陳長文律師
著作權顧問 —— 魏啟翔律師
社址 —— 台北市 104 松江路 93 巷 1 號 2 樓
讀者服務專線 —— 02-2662-0012 ｜ 傳真 —— 02-2662-0007, 02-2662-0009
電子郵件信箱 —— cwpc@cwgv.com.tw
直接郵撥帳號 —— 1326703-6 號　遠見天下文化出版股份有限公司

電腦排版 —— 極翔企業有限公司
製版廠 —— 中原造像股份有限公司
印刷廠 —— 中原造像股份有限公司
裝訂廠 —— 中原造像股份有限公司
登記證 —— 局版台業字第 2517 號
總經銷 —— 大和書報圖書股份有限公司　電話／(02)8990-2588
出版日期 —— 2016 年 6 月 30 日第二版第 1 次印行

Copyright © 1995 Columbia University Press
Chinese Complex translation copyright © 1998, 2016 by Commonwealth Publishing Co., Ltd.,
a division of Global Views - Commonwealth Publishing Group
Published by arrangement with Columbia University Press
through Bardon-Chinese Media Agency
博達著作權代理有限公司
ALL RIGHTS RESERVED

定價 —— NT420 元
ISBN —— 978-986-479-017-3
書號 —— BCSA06
天下文化 —— bookzone.cwgv.com.tw

本書如有缺頁、破損、裝訂錯誤，請寄回本公司調換。
本書僅代表作者言論，不代表本社立場。